DEUTSCHE AKADEMIE DER WISSENSCHAFTEN ZU BERLIN
VORTRÄGE UND SCHRIFTEN
HEFT 85

HERBERT LANGE

ZU EINIGEN ÖKONOMISCHEN PROBLEMEN DES TECHNISCHEN FORTSCHRITTS IM MASCHINENBAU DER DEUTSCHEN DEMOKRATISCHEN REPUBLIK

AKADEMIE-VERLAG · BERLIN
1963

Referat, gehalten auf der Tagung der Sektion für Wirtschaftswissenschaften der Deutschen Akademie der Wissenschaften zu Berlin am 20. Dezember 1962

Am Referat haben mitgearbeitet:
R. Dressel, P. Kynast, W. Matthies

Erschienen im Akademie-Verlag GmbH, Berlin W 8, Leipziger Straße 3-4

Lizenznummer: 202 · 100/25/63
Gesamtherstellung: IV/2/14 · VEB Werkdruck Gräfenhainichen · 2032
Bestellnummer: 200/85 · ES 5 B 3 · Preis: 5,70 DM

1. DIE BEDEUTUNG UND DIE HAUPTRICHTUNGEN DES WISSENSCHAFTLICH-TECHNISCHEN FORTSCHRITTS UND SEINE BEZIEHUNGEN ZUR ÖKONOMIE UND ORGANISATION DER PRODUKTION

Unter wissenschaftlich-technischem Fortschritt verstehen wir die Anwendung naturwissenschaftlich-technischer Erkenntnisse in der Sphäre der materiellen Produktion. Ihrem Wesen nach sind Naturwissenschaft und Technik klassenindifferent. Die jeweilige Gesellschaftsordnung verhält sich ihnen gegenüber jedoch nicht gleichgültig, so daß mit dem Begriff „Anwendung oder Ausnutzung naturwissenschaftlich-technischer Erkenntnisse in der Produktion" ein gesellschaftlicher Maßstab angelegt und mit der Entwicklung der Naturwissenschaften und der Technik auch der gesellschaftliche Fortschritt in Beziehung gebracht werden muß. Unter sozialistischen Produktionsverhältnissen ist der wissenschaftlich-technische Fortschritt ein planmäßiger und gesetzmäßiger Prozeß der wissenschaftlichen Vervollkommnung und des Wachstums der Produktivkäfte mit dem Ziel der Steigerung der Produktivität der gesellschaftlichen Arbeit.

Das bedeutet eine umfassende Erhöhung der Rolle der Natur- und technischen Wissenschaften, wobei die Wissenschaft in immer stärkerem Maße zur Produktivkraft wird.

> „Unter den Bedingungen des ökonomischen Wettbewerbs mit dem Kapitalismus wird der wissenschaftlich-technische Fortschritt zu einem der entscheidenden Mittel unserer beschleunigten Vorwärtsentwicklung, gleichzeitig aber auch zur Arena eines angespannten Kampfes. Jetzt kann man die führenden kapitalistischen Länder in der Steigerung der Arbeitsproduktivität nur noch auf der Grundlage der fortgeschrittensten Errungenschaften der Wissenschaft und Technik und der Organisation der Produktion überflügeln."[1]

Für die DDR, als Teil des sozialistischen Weltsystems, bedeutet das, „die neue Technik systematisch und im höchstmöglichen Tempo für die

[1] *N. S. Chruschtschow*, Wesentliche Fragen der Entwicklung des sozialistischen Weltsystems, in: „Einheit", Heft 9, 1962, S. 21/22.

wirtschaftliche Entwicklung nutzbar zu machen und die Produktion entsprechend den objektiven Gesetzmäßigkeiten des sozialistischen Aufbaus in der DDR und in Übereinstimmung mit den gemeinsamen Lebensinteressen der Völker der sozialistischen Länder zu gestalten."[1] Hierin zeigt sich die große ökonomische und politische Bedeutung des wissenschaftlich-technischen Fortschritts für die Stärkung der Volkswirtschaft der DDR.

Partei und Regierung orientieren auf höchstes Niveau und Tempo des wissenschaftlich-technischen Fortschritts und fordern, alle Hemmnisse zu überwinden, die der raschen Einführung wissenschaftlicher Erkenntnisse in die Produktion im Wege stehen.

In der ökonomischen Literatur werden die Hauptrichtungen des wissenschaftlich-technischen Fortschritts in der Regel in der Elektrifizierung, Mechanisierung und Automatisierung, der Chemisierung und in der Anwendung der Atomenergie in der Industrie[2] gesehen, wobei ihr unmittelbarer Zusammenhang und ihre sozialökonomischen Aspekte abgeleitet werden.

Für den Maschinenbau jedoch ist eine spezifische Betrachtung dieser Richtungen notwendig, zumal beachtet werden muß, daß der Maschinenbau

1. als Produzent von Produktionsmitteln für den gesamten Industriezweig selbst und für die Zweige der Volkswirtschaft Produktionsmittel liefert, die den technischen Fortschritt und damit die Produktivität dieser Zweige erhöhen. Er ist somit Träger des technischen Fortschritts für die Volkswirtschaft insgesamt;
2. muß der Maschinenbau selbst die neuesten Produktionsmittel mit höchster Wirtschaftlichkeit, d. h. mit niedrigsten Selbstkosten in kürzesten Terminen produzieren.

Für die Betriebe des Maschinenbaus ergeben sich demnach folgende spezifische Richtungen:

1. Die Neuentwicklung von Maschinen, Apparaten und Geräten mit solchen technischen und ökonomischen Parametern, die dem wissenschaftlich-technischen Höchststand entsprechen, und ihre schnelle Überführung in die Produktion.

[1] Vgl. Bericht des ZK der SED an den VI. Parteitag, in: „Neues Deutschland" v. 11. 10. 1962, S. 6.

[2] Vgl. *Arnold/Borchert/Schmidt*, Ökonomik der sozialistischen Industrie in der Deutschen Demokratischen Republik, Berlin 1961.

2. Die konstruktive Vereinheitlichung von Maschinen, Baugruppen und Einzelteilen und die Typisierung der zu ihrer Herstellung notwendigen technologischen Prozesse als Voraussetzung für den Übergang zu höheren Fertigungsarten.
3. Der verstärkte Einsatz neuer Werkstoffe.
4. Der Übergang zu höheren Formen der Produktionsorganisation, die eine gleichmäßigere Auslastung der Arbeitsmittel und Arbeitskräfte einen kontinuierlichen Produktionsablauf und einen rhythmischen Produktionsausstoß ermöglichen.
5. Die Mechanisierung körperlich schwerer Arbeit (insbesondere des Transports im Maschinenbau).
6. Die Vervollkommnung bzw. Modernisierung des vorhandenen Maschinenparks durch mechanische, hydraulische, pneumatische und elektrische Vorrichtungen mit dem Ziel der Verkürzung der Grund- und Hilfszeiten und der Übertragung bisher vom Menschen auszuführenden Operationen auf die Maschine.
7. Die Entwicklung neuer, hochproduktiver technologischer Verfahren. Auch für die technologischen Verfahren gilt der wissenschaftlich-technische Höchststand, der in der Welt erreicht worden ist.[1]

In der Produktionstätigkeit und in der Entwicklung der Maschinenbaubetriebe existieren diese Wege des wissenschaftlich-technischen Fortschritts und die aus ihnen resultierenden Einzelmaßnahmen nicht unabhängig voneinander. Parallel mit dem Einsatz neuer Produktionsanlagen entwickeln die im Produktionsprozeß Tätigen neue Technologien, vervollkommnen bestehende, verallgemeinern die besten Produktionserfahrungen, decken Reserven auf und sichern durch die Planaufschlüsselung und die Verbesserung der Produktionsorganisation einen kontinuierlichen Produktionsablauf und tragen so durch ihre schöpferische Arbeit auf den verschiedensten Gebieten der materiellen Produktion zur Steigerung der Arbeitsproduktivität und zur Senkung der Selbstkosten bei.

Ein gutes Beispiel des Zusammenwirkens aller Faktoren und des Einsatzes aller Mittel und Methoden zur Steigerung der Arbeitsproduktivität ist das Programm des Produktionsaufgebotes der Werktätigen des VEB 8. Mai, Karl-Marx-Stadt.

[1] Vgl. *W. Ulbricht,* Die Vorbereitung des VI. Parteitages der SED, in: „Neues Deutschland" v. 14. 10. 1962, S. 3.

Die im Produktionsprozeß verwirklichten konstruktiven, technologischen, organisatorischen und ökonomischen Maßnahmen sind sich gegenseitig bedingende Glieder eines komplexen Systems zur allseitigen Verbesserung der Produktions- und wirtschaftlichen Tätigkeit der Betriebe.

Obwohl dieser oder jener Einzelmaßnahme in bestimmten Etappen der Entwicklung der Volkswirtschaft zeitweilig vorrangige Bedeutung zukommt, sind sie als Hebel zur Steigerung der Produktivität der gesellschaftlichen Arbeit grundsätzlich gleichwertig. Erst aus der Übereinstimmung des Niveaus der konstruktiven, technologischen, organisatorischen und ökonomischen Produktionsbedingungen entspringt die für den Sieg des Sozialismus notwendige hohe Produktivität der Arbeit.

Besondere Bedeutung gewinnt die Beachtung dieses Zusammenhangs im Prozeß der Mechanisierung und Automatisierung der Produktionsprozesse im Maschinenbaubetrieb. Beide Richtungen des technischen Fortschritts werden nicht selten auf konstruktive Probleme reduziert.

Die im Zusammenhang damit auf volkswirtschaftlicher und betrieblicher Ebene entstehenden technologischen, organisatorischen und sozialökonomischen Probleme, die erst in Verbindung mit dem konstruktiven Problem, den bei der Mechanisierung und Automatisierung entstehenden Aufgabenkreis vollständig charakterisieren, werden entweder völlig ignoriert oder auf Probleme des ökonomischen Nutzeffektes beschränkt.

Wenn der wissenschaftlich-technische Fortschritt auch vor allem in der Vervollkommnung der Produktionsmittel seinen Ausdruck findet, wäre es doch falsch, den sich in der Mechanisierung und Automatisierung der Produktion vollziehenden technischen Fortschritt nur auf die Vervollkommnung der Produktionsmittel zu beschränken und Probleme der Technologie, Produktionsorganisation und Ökonomie außer acht zu lassen. Der sowjetische Ökonom *Klimenko* schreibt dazu:

> „Nur bei einer gleichzeitigen, zusammenhängenden, sich gegenseitig stimulierenden Entwicklung all dieser Hauptgebiete des technischen Fortschritts können alle seine Möglichkeiten genutzt und das schnelle Tempo gesichert werden."[1]

Er zieht aus dieser komplexen Betrachtung des technischen Fortschritts einen für die Ökonomen der DDR nach wie vor aktuellen Schluß, wenn er schreibt:

[1] *Klimenko*, Technischer Fortschritt in der Zeit des umfassenden Aufbaus des Kommunismus, in: „Presse der Sowjetunion", Nr. 106 v. 9. 9. 1960.

„Es ist falsch zu behaupten, daß der technische Fortschritt nicht Sache der Wirtschaftler sei. Der Wirtschaftler sollte nicht nur die wirtschaftliche Seite des technischen Fortschritts kennen, sondern auch seine wichtigsten Gesetzmäßigkeiten und Tendenzen. Die wirksamsten Richtungen des technischen Fortschritts können nur durch die gemeinsamen Bemühungen der Techniker und Wirtschaftler festgelegt werden. Bei der Entwicklung der erfolgreichsten Richtungen in der Automatisierung der Produktion und bei der Herstellung wirksamster automatischer Systeme ist ihre Zusammenarbeit besonders erforderlich.“ [1]

In Anerkennung dieser Gedanken, soll auf dieser Tagung die Einheit und die Wechselwirkung technischer und ökonomischer Probleme bei der Durchsetzung des wissenschaftlich-technischen Fortschritts vom Standpunkt des Maschinenbaus im Mittelpunkt stehen.

Dabei möchten wir von vornherein bemerken, daß die Skala der mit dem technischen Fortschritt zusammenhängenden ökonomischen und organisatorischen Probleme außerordentlich breit ist. Sie reicht über die Perspektivplanung des technischen Fortschritts bis zur ökonomischen Wirksamkeit von Neuerermethoden, von der Bestimmung des Wertes der Produkte, des ökonomischen Nutzeffekts von Investitionen und der neuen Technik bis zu Arbeitskräftefragen, Normen- und Lohn- sowie Finanzfragen.

Es kann nicht Aufgabe dieses Vortrages sein, auf alle Fragen eine Antwort zu geben. Deshalb sollen hier hauptsächlich solche ökonomischen Probleme des technischen Fortschritts behandelt werden, die einige Voraussetzungen und Bedingungen sowie den Nutzeffekt der Mechanisierung und Automatisierung im Maschinenbau betreffen.

Eine Reihe wichtiger Fragen bleibt noch offen, und es ist zu hoffen, daß die bevorstehende Reorganisation der Koordinierung der ökonomischen Forschung ihre theoretische Vertiefung einerseits und stärkere Verbindung zu spezifischen Industriezweigproblemen andererseits sowie die stärkere Konzentration der ökonomischen Forschung auf Schwerpunkte und die Durchsetzung der sozialistischen Gemeinschaftsarbeit mit sich bringen wird.

Außerdem ist zu wünschen und zu hoffen, daß die unserer Regierung übergebenen Empfehlungen der 1. Internationalen Konferenz über Ökonomik und Organisation der Produktion und Arbeit, die im Juli 1962 in Warschau stattfand, die gemeinsame Arbeit der Ökonomen im Rahmen des RGW verstärkt.

[1] Ebenda.

2. ÖKONOMISCHE UND ORGANISATORISCHE VORAUSSETZUNGEN UND MÖGLICHKEITEN DER MECHANISIERUNG UND AUTOMATISIERUNG IM MASCHINENBAU DER DDR

Mechanisierung und Automatisierung der Produktion sind Methoden des Aufbaus von Produktionsprozessen, die, ausgehend von qualitativen Veränderungen im Aufbau und in der Wirkungsweise der Produktionsmittel und der damit möglichen Lösung des Menschen von bestimmten Funktionen im unmittelbaren Arbeitsprozeß, die Konstruktion der Erzeugnisse, die Art der Verfahren ihrer Herstellung und der Produktionsorganisation wesentlich verändern und durch die Gesamtheit dieser Veränderungen zur bedeutenden Steigerung der Produktivität der gesellschaftlichen Arbeit führen.

Sie unterscheiden sich durch:

1. die technischen Lösungen und Mittel und dem davon abhängigen Grad der Herauslösung des Menschen aus dem unmittelbaren Arbeitsprozeß –
   hierbei sind gemeint der Übergang vom einfachen, von der menschlichen Hand geführten Werkzeug zur Maschine im Prozeß der *Mechanisierung* der Arbeit, der Übergang von der vom Menschen gelenkten Maschine zum selbständig arbeitenden Automaten bzw. zum automatischen Maschinensystem im Prozeß der *Automatisierung* der Produktion –;
2. den Charakter der von der Maschine übernommenen Funktion und dem damit verbundenen Wandel der Rolle der Arbeitskraft im Produktionsprozeß;
3. die Veränderungen der technologischen Verfahren und Formen der Produktionsorganisation;
4. das Maß der möglichen Steigerung der Arbeitsproduktivität und durch die entstehenden ökonomischen und sozialen Probleme.

Deshalb ist eine umfassende Analyse des gesamten Produktionsprozesses und seiner sich im Verlaufe der technischen Entwicklung vollziehenden Veränderungen die Grundvoraussetzung für das Festlegen der Erfordernisse der Mechanisierung und Automatisierung. Aus diesen Beziehungen wird auch ersichtlich, daß die weitere Mechanisierung und Automatisierung im Maschinenbau nicht sprunghaft, sondern planmäßig und wissenschaftlich begründet von Stufe zu Stufe, entsprechend den Anforderungen, die perspektivisch an diesen oder jenen Zweig oder an das Erzeugnis des Maschinenbaus gestellt werden, erfolgen muß.

2.1. Technologische und produktionsorganisatorische Grundlagen der Automatisierung von Produktionsprozessen im Maschinenbau

Die Übertragung der verschiedenen Lenkungsfunktionen von der menschlichen Arbeitskraft auf Mechanismen ist das technische Grundproblem der Automatisierung. Das Ziel jeder Automatisierungsmaßnahme – die Verringerung des gesellschaftlichen Gesamtaufwandes – verlangt jedoch neben konstruktiven und regelungstechnischen Maßnahmen bei der Entwicklung der Produktionsausrüstungen die Anpassung der technologischen und organisatorischen Produktionsbedingungen an die Erfordernisse des automatischen Produktionsprozesses.

Tabelle 1

Entwicklung der Lohneinsparungen bei zunehmender Automatisierung[1]

Prozent. Anteil d. Stückzeit, der die unmittelbare Teilnahme d. Arbeiters am technologischen Zyklus erfordert (%)	Zahl der von einem Arbeiter bedienten Maschinen n_M	Zahl der Arbeiter	Steigerung d. Produktivität d. leb. Arbeit gegenüber d. vorhergeh. Variante (%)	Erforderlicher Lohn/Std. (DM)	Lohneinsparung gegenüber der vorhergehenden Variante in DM	in %
1	2	3	4	5	6	7
100	1	20	–	60,–	–	–
50	2	10	200	30,–	30,–	50
25	4	5	200	15,–	15,–	50
10	10	2	250	6,–	9,–	60
5	20	1	200	3,–	3,–	50

1 Siehe *Schaumjan*, Die komplexe Automatisierung im Maschinenbau und ihr ökonomischer Nutzeffekt, in: „Wirtschaftswissenschaft", 7, 1957.

Die Produktivität der lebendigen Arbeit steigt mit zunehmendem Automatisierungsgrad, d. h. mit zunehmendem Zeitanteil der von der Maschine selbständig durchgeführten Teiloperationen bei gleichbleibender tatsächlicher Produktivität der Maschine proportional der Zahl der von einem Arbeiter gleichzeitig bedienten Maschinen.

Die durch diese Steigerung der Produktivität der lebendigen Arbeit mögliche Lohneinsparung nimmt mit zunehmender Automatisierung entsprechend der Gleichung

$$l_{LM} = \alpha \left(1 - \frac{1}{n_M}\right) \quad \text{ab.}$$

$n_M = f(\eta_A)$
l_{LM} = Lohneinsparung je Maschine pro Stunde
α = Stundenlohn je Arbeiter
n_M = Zahl der von 1 Arbeiter bedienten Maschinen
η_A = Automatisierungsgrad

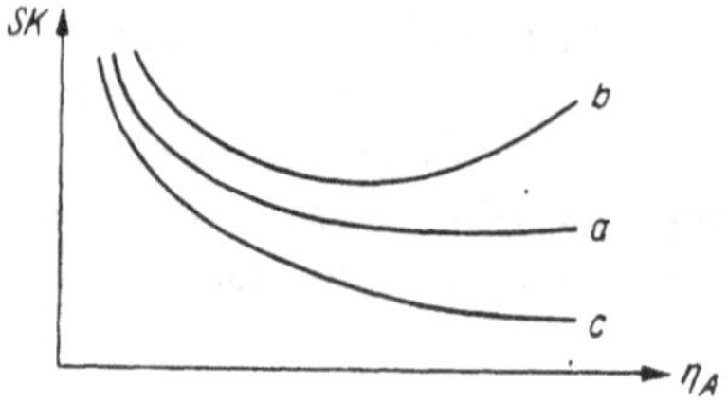

Bild 1

Unter diesen Bedingungen zeigen die Selbstkosten den im Bild 1, Kurve a, dargestellten Verlauf.

Die tatsächliche Entwicklung der Selbstkosten in Abhängigkeit vom Grad der Automatisierung ist jedoch noch ungünstiger (Kurve b), da die Zahl der von einem Arbeiter bedienten Maschinen n_M nicht proportional mit der Steigerung des Automatisierungsgrades η_A wächst, der Lohn je Stunde mit zunehmendem Automatisierungsgrad infolge größerer Qualifikationsanforderungen wächst und die finanziellen Aufwendungen für die Produktionsausrüstungen mit zunehmendem Automatisierungsgrad ebenfalls wachsen.

Der Verlauf der Kurve b ist in dieser Tendenz unvermeidlich, wenn sich die Automatisierung der Produktion lediglich auf die Übertragung bestimmter Funktionen der Arbeitskraft auf die Maschine beschränkt und nicht zu einer höheren *tatsächlichen Produktivität der Maschinen* führt. Schlußfolgernd ans dieser Analyse formuliert *Schaumjan* die technisch-ökonomische Hauptaufgabe bei der Automatisierung von Produktionsprozessen:

„Der grundlegende Bruch mit allen bewährten, gewohnten Produktionsmethoden, das Aufkommen und die Entwicklung neuer fortschrittlicher technologischer Prozesse — das ist das Radikalmittel zur Überwindung des schwindenden Nutzeffekts; die Hauptrichtung der komplexen Automatisierung der Produktionsprozesse."[1]

Die gegenwärtig einsetzende Anwendung von Automaten und automatischen Maschinensystemen in den verschiedensten Produktionsprozessen verdient deshalb erst dann das Prädikat „Automatisierung der Produktion", *wenn sie mit den erforderlichen Maßnahmen zur Verbesserung der technologischen Prozesse und der Organisationsformen der Produktion verbunden, zu einer qualitativen Vervollkommnung aller Produktionsbedingungen* führt. Erst dann ist der der Automatisierung immanente hohe ökonomische Nutzen (Kurve c) realisierbar.

Der *Ausgangspunkt* für eine allseitige der Einschätzung mit der Automatisierung erforderlichen Änderungen im Produktionsablauf des Maschinenbaubetriebes ist die *Analyse des Produktionsprozesses.* Sie gestattet unmittelbare theoretische und praktische Schlußfolgerungen, da sie

1. die Einheit und die Wechselbeziehungen der materiell-technischen und sozialökonomischen Probleme der produktiven Tätigkeit des Menschen,
2. die Einheit und die Wechselbeziehungen der sachlichen Produktionsbedingungen (Arbeitsmittel, Arbeitsgegenstand und Arbeitskraft) und
3. die Einheit und die Wechselbeziehungen der zeitlichen und räumlichen Koordinierung der Produktionsbedingungen

berücksichtigt.

Die wichtigste Besonderheit der im Maschinenbau ablaufenden Produktionsprozesse besteht in der *Kompliziertheit* ihres Aufbaus, d. h. in der Kombination verschiedener Teilprozesse, die sowohl räumlich wie zeitlich weitgehend isoliert voneinander vollzogen werden. Diese Kompliziertheit resultiert aus der Art der Erzeugnisse, die aus einer Vielzahl unterschiedlicher Einzelteile bestehen, von denen jedes einzelne aus verschiedenen Materialien hergestellt, einer Vielfalt technologischer Verfahren unterworfen ist, die einen oft erheblich voneinander abweichenden Arbeitsaufwand erfordern. Die Vielfalt der Einzelteile und der zu ihrer Herstellung erforderlichen technologischen Verfahren findet in der Vielgestaltigkeit und Differenziertheit der Produktionsausrüstungen im Maschinenbau ihren sichtbaren Ausdruck. Die daraus

[1] Ebenda, S. 1059.

resultierende Problematik wird noch durch die Tatsache verstärkt, daß für die Mehrzahl der Maschinenbaubetriebe ein umfangreiches Sortiment an Fertigerzeugnissen charakteristisch ist.

Da mit zunehmender Anwendung des automatischen Prinzips bei Arbeitsmaschinen die Universalität *ihres Einsatzes eingeschränkt* wird, wird die *Einschränkung der verschiedenartigen technologischen Prozesse auf die notwendige Mindestgröße, der Aufbau zeitlich stabiler hochproduktiver technologischer Prozesse und ihre zeitliche und räumliche Koordinierung zu einem kontinuierlichen Produktionsprozeß zur grundsätzlichen technologisch-organisatorischen Aufgabe und zugleich immanenter Bestandteil der Automatisierung der Produktionsprozesse.*

An dieser allgemeinen Tendenz ändert auch die Entwicklung programmgesteuerter Werkzeugmaschinen und die damit in bestimmten Bearbeitungsbereichen erzielte Flexibilität nichts Grundsätzliches.

Die in der Automatisierungsliteratur vertretene Forderung nach hohen Produktionsstückzahlen als Voraussetzung der Automatisierung der Produktion wird teilweise so verstanden uud interpretiert, daß die Automatisierung nur unter den Bedingungen der Massenfertigung verwirklicht werden kann. Im Ergebnis dieser Auslegung werden große Produktionsstückzahlen als unmittelbare, direkte Voraussetzung der Automatisierung der Produktion betrachtet. Wir möchten jedoch sagen, daß sie eine aus der Stabilität der technologischen Prozesse abgeleitete Forderung sind.

Voraussetzung für die Automatisierung eines technologischen Prozesses ist die *Gewährleistung seiner Stabilität, d. h. der Unveränderlichkeit seiner grundlegenden technischen und ökonomischen Parameter über einen großen Zeitraum.*

Die Verwirklichung dieser Forderung ist in 2 Richtungen möglich:

1. durch den Aufbau eines auf *eine* Erzeugniseinheit (Maschine, Baugruppe, Einzelteil) spezialisierten, in allen technischen und ökonomischen Parametern absolut gleichbleibenden technologischen Prozesses (unter den Bedingungen der Massenproduktion),
2. durch die Zusammenfassung konstruktiv unterschiedlicher, im technologischen Ablauf *gleicher* oder *ähnlicher Erzeugniseinheiten* zu einem einheitlichen, in den grundlegenden Parametern gleichbleibenden Prozeß.

Daraus resultiert, daß die erste und wichtigste Voraussetzung für die Anwendung moderner technologischer Verfahren, für den Aufbau der verschiedenen Formen der Fließfertigung und die Mechanisierung und Automatisierung der Produktion die *radikale Einschränkung der unzulässig großen Zahl verschiedenartiger technologischer Prozesse und die Erhöhung der Stückzahl der in einem technologischen Prozeß herstellbaren Einzelteile ist.*

Die 3 gleichermaßen wichtigen, eng miteinander verbundenen Wege zur Lösung dieser Aufgabe sind:

1. die Spezialisierung und Konzentration der Produktion,
2. die konstruktive Vereinheitlichung der Erzeugnisse, Baugruppen und Einzelteile,
3. die Vereinheitlichung der technologischen Prozesse und Operationen zur Herstellung der Erzeugnisse, Baugruppen und Einzelteile.

Die Beschränkung der Nomenklatur, der von einem Betrieb herzustellenden Erzeugnisse auf ein der nationalen und internationalen Arbeitsteilung entsprechendes Mindestmaß bei gleichzeitiger Verringerung der noch vorhandenen übertriebenen Konstruktions- und Typenvielfalt innerhalb einer technischen Grundlösung ist *eine wichtige Teilaufgabe* für die Verringerung der Einzelteilvielfalt und damit für die Beschränkung der Anzahl unterschiedlicher technologischer Prozesse. Das verlangt zugleich die Spezialisierung der Betriebe auf bestimmte Fertigerzeugnisse. Sie ermöglicht die Aufteilung eines erforderlichen Sortiments an Fertigerzeugnissen auf einzelne Betriebe mit dem Ziel der Konzentration der Produktion gleicher oder ähnlicher Erzeugnisse in einem dafür besonders geeigneten Betrieb.

Eng mit dieser Aufgabe ist die konstruktive Vereinheitlichung der Erzeugnisse und ihrer Einzelteile und Baugruppen verbunden. Neben der Einschränkung des Sortiments kompletter Erzeugnisse ist die *Verringerung* der im Maschinenbau verwendeten Vielzahl *unterschiedlicher Einzelteile eine vorrangige Aufgabe* zur Reduzierung der Vielzahl technologischer Prozesse. Die konstruktive Vereinheitlichung der Einzelteile und Baugruppen und die damit verbundene Vergrößerung der benötigten Stückzahl schaffen auch für Betriebe, die hinsichtlich ihres Produktionssortiments und -umfangs der Serienfertigung zuzuordnen sind, Möglichkeiten des Aufbaus *automatisierter Produktionsprozesse.*

Die technischen Anforderungen an die Funktionsfähigkeit und -sicherheit ziehen der konstruktiven Vereinheitlichung von Erzeugnissen Grenzen. Aus dem Bestreben, diese Grenzen zu überwinden und eine weitere Reduzierung der verschiedenen technologischen Prozesse zu ermöglichen und unter den Bedingungen der Serienfertigung stabile technologische Prozesse aufzubauen, entstanden Versuche der unmittelbaren Vereinheitlichung der technologischen Prozesse und Operationen. Die heute in der Praxis bekanntesten Lösungen sind die „Typung technologischer Prozesse und die Gruppentechnologie". Beiden Methoden liegt die Klassifizierung des Einzelteilsortiments nach konstruktiven und technologischen Merkmalen zugrunde. Welche Möglichkeiten sich hieraus für die Automatisierung der Produktion ergeben, läßt sich aus einer in Maschinenbaubetrieben verschiedener Zweige durchgeführten Analyse des Einzelteilsortiments erkennen. (Bild 2)

In WMW-Betrieben allein sind 50% aller Teile auf Drehmaschinen bearbeitet.[1]

Eine weitere detaillierte Einzelteilanalyse in einem Betrieb mit Kleinserienfertigung ergab folgendes Bild:

Tabelle 2a.

Struktur des Wellensortimentes
eines Betriebes

Ordnungseinheit	Anzahl der Originalteile		Jahresstückzahl 1962	
	Stück	Prozentsatz der Gesamtteile	Stück	Prozentsatz der Gesamtteile
Wellen bis 35 ⌀ und 360 Länge	608	79,9	99,010	78,2
Wellen bis 35 ⌀ und 360–600 Länge	72	9,5	15,445	12,2
Wellen über 600 Länge	32	4,2	2,255	1,8
übrige Wellen	49	6,4	9,861	7,8
	761	100,0	126,571	100,0

[1] *Leitert,* Das Beispiel des VEB 8. Mai wird auf den Industriezweig WMW übertragen, in: „Die Wirtschaft", Nr. 42, 1962, S. 9.

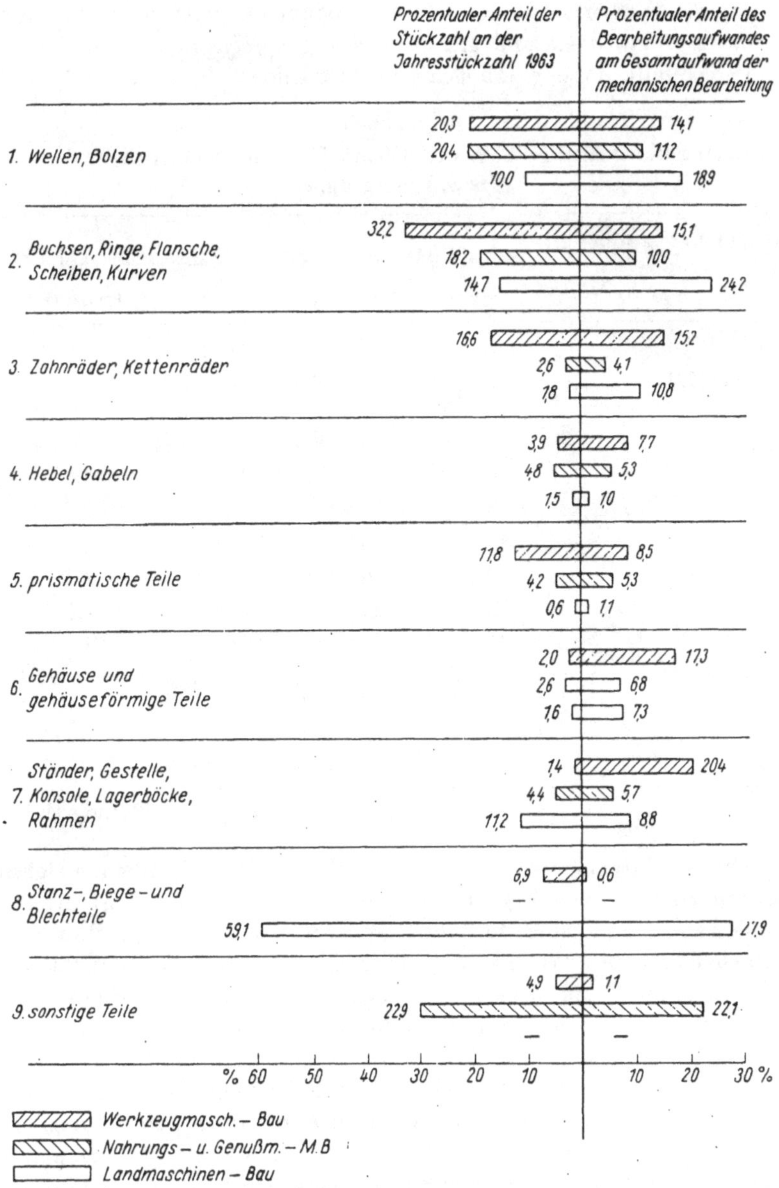

Bild 2. Analyse des Einzelteilsortiments

Die 608 Wellen bis 35 mm ⌀ und 360 mm Länge wurden nach *konstruktiver Ähnlichkeit* und *gleicher Arbeitsgangfolge* in 8 Gruppen zusammengefaßt, dabei ergab sich folgendes Bild:

Tabelle 2b

Aufteilung der Wellen bis 35 ⌀ und 350 mm Länge in technologische Gruppen bzw. Untergruppen

Gruppe bzw. Untergruppe	Anzahl der Originalteile				Jahresstückzahl 1962			
	Stück		Prozentsatz		Stück		Prozentsatz	
I	128		21,0		14021		14,2	
davon I/1		42		6,9		2336		2,4
I/2		60		9,8		8889		9,0
I/3		26		4,3		2796		2,8
II	25		4,2		1404		1,4	
III	33		5,4		3668		3,7	
IV	42		6,9		3393		3,4	
V	62		10,2		7144		7,2	
VII	93		15,3		7295		7,4	
VI/VIII	225		37,0		62135		62,7	
davon VI/1		32		11,8		19924		20,1
VI/2		32		5,3		5000		5,1
VI/3		36		9,9		9357		9,4
VIII		85		14,0		27854		28,1
	608		100,0		99010		100,0	

Weitere Untersuchungen in verschiedenen Maschinenbaubetrieben führten zu ähnlichen Ergebnissen. Das läßt *folgenden Schluß zu*: Die große Zahl der in einer Gruppe vereinten Einzelteile und ihre weitestgehende konstruktive und technologische Ähnlichkeit bieten die technologischen und organisatorischen, aber auch die stückzahlenmäßigen Voraussetzungen für die Automatisierung der Produktionsprozesse dieser Teile.

Die gleiche Charakteristik der in einer technologischen Gruppe enthaltenen Einzelteile und die *Ähnlichlichkeit ihrer Arbeitsgangfolge* (Tabelle 3) bieten die Voraussetzung für den Aufbau von erzeugnisspezialisierten Produktionsabschnitten. Damit wird das in der Mehrzahl der Maschinenbaubetriebe noch vorherrschende Werkstattprinzip über-

Tabelle 3

Technologische Gruppe: I 31

Typenprozeß 9: Vordrehen (DRS) – Fertigdrehen (DRT) – Fräsen: Zähne (ZFWZ) – Entgraten – Einsetzen – Einsatz abdrehen (DLZ) – Räumen: Nut (RW) – Härten – Sandstrahlen – Schleifen: Bohrung (SJ) – Schleifen: Zahnflanken (ZSWZ)

Charakteristik: rotationssymmetrische Hohlkörper, einseitig abgesetzt, mit Keilnut, verzahnt, einsatzgehärtet

L : D = < 0,5
Ø = 115–160
L = 25–40
Werkstoff = 15 Cr 3

Besonderheiten

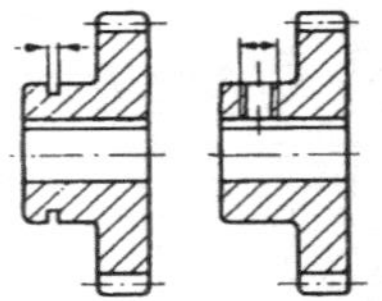

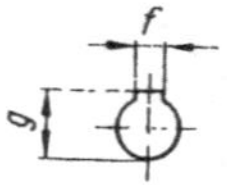

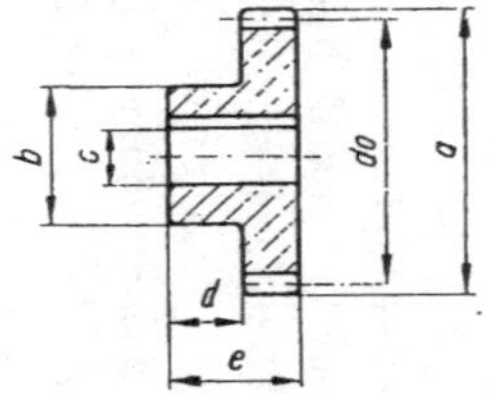

lfd. Nr.	Zeichn.-Nr.	a	b	c	d	e	f	g	Zähne-zahl	Modul	Bohrung (mm)	Ringnut (mm)	Bohrung (mm)
1	1196.05–344 : 15	$129^{-0,1}$	65	42^{H7}	20	40	12^{P8}	$45,1^{+0,2}$	41	3	123	1,5	M 8
2	1196.16–325 : 02	$153^{-0,1}$	90	65^{H7}	22	40	16^{P8}	$68,8^{+0,2}$	49	3	147	$14^{+0,1}_{+0,2}$	M 10
3	1196.05–361 : 03	$138^{-0,1}$	75	55^{H7}	15	35	8^{P8}	$57,9^{+0,2}$	44	3	152	–	–
4	1182.36–120 : 102	$122,5^{-0,2}_{-0,3}$	60	38^{H7}	21	$40^{-0,1}$	10^{P8}	$41,3^{+0,2}$	47	2,5	117,5	–	–
5	1182.36–120 : 17	$122,5^{-0,2}_{-0,3}$	60	38^{H7}	14	32	10^{P8}	$41,3^{+0,2}$	47	2,5	117,5	–	–
6	1182.50–120 : 52	$122,5^{-0,2}_{-0,3}$	100	80^{H7}	11	$30^{-0,1}$	10^{P8}	$83,3^{+0,2}$	47	2,5	117,5	–	–
7	1182.50–120 : 36	$127,5^{-0,2}_{-0,3}$	102	90^{H7}	8	$27^{-0,1}$	10^{P8}	$93,3^{+0,2}$	49	2,5	122,5	–	–
	.	.	.	.	.	.	.	.	.	.	.	.	.
.	.		.	.	.	.	.	.	.	.	.	.	.
n	.		.	.	.	.	.	.	.	.	.	.	.

wunden und mit dem Übergang zum Erzeugnisprinzip eine entscheidende Vorstufe für den Aufbau verschiedener Formen der Fließfertigung geschaffen. Bild 3 zeigt den Aufbau eines erzeugnisspezialisierten Abschnittes der durch 3 technologische Gruppen von Zahnrädern ausgelastet wird.

Die grundsätzlich gleiche Arbeitsgangfolge erlaubt die räumliche Kombination der einzelnen Bearbeitungsmaschinen nach dem Verlauf des technologischen Prozesses. Da zugleich die Proportionen des Zeitaufwandes für die einzelnen Arbeitsgänge nahezu konstant sind, wird die zeitliche Synchronisation der Arbeitsgänge möglich. Gruppentechnologie und Typisierung technologischer Prozesse führen nicht nur zur Vervollkommnung der technologischen Verfahren, sondern beeinflussen zugleich wesentlich den Aufbau und Vollzug der Produktionsprozesse.

Die Beispiele, die gegenwärtig in einigen Betrieben des Maschinenbaus von sozialistischen Arbeitsgemeinschaften geschaffen werden (im VEB 8. Mai, Karl-Marx-Stadt, und VEB Drehmaschinenwerk Leipzig), zeigen heute schon deutlich, daß der in den Ausführungen dargelegte Fall 3 der Gruppenbearbeitung, d. h. die Typung technologischer Prozesse, die Technologie und Organisation der Produktion umwälzt und beachtliche Reserven erschließen läßt. Im VEB Drehmaschinenwerk Leipzig wird in $1^1/_2$ Jahren bei Revolver-Drehmaschinen eine Steigerung von 260 auf 400 Stück = 160 % erreicht werden.

Voraussetzung dabei ist jedoch, daß die Umstellung der Produktion auf die Typentechnologie und Gruppenbearbeitung als ein wissenschaftliches Projekt betrachtet wird, das sachkundig von Stufe zu Stufe in sozialistischer Gemeinschaftsarbeit von Technologen, Konstrukteuren, Ökonomen und Arbeitern zu lösen ist. Mit der umfassenden Analyse des Einzelteilsortiments, der sinnvollen konstruktiven und technologischen Vereinheitlichung und dem Aufbau technologisch und organisatorisch vollkommener Produktionsprozesse werden deshalb wesentliche Voraussetzungen für die Automatisierung der Produktionsprozesse in den für den Maschinenbau der DDR charakteristischen Betrieben mit Serienfertigung geschaffen.

2.2. Zur Produktivität von Maschinen

Es wurde bereits festgestellt, daß der Maschinenbau insgesamt vom Standpunkt des technischen Fortschritts zwei Aufgaben zu erfüllen hat:

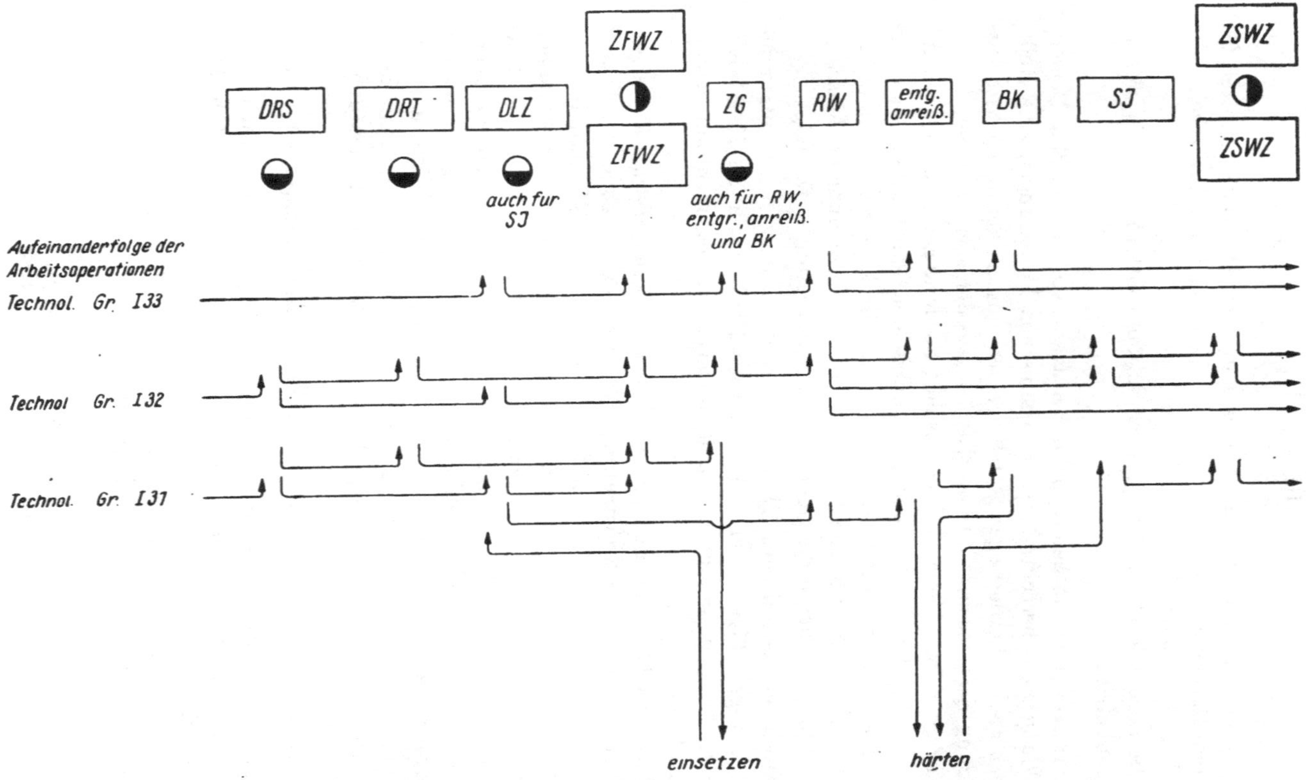

Bild 3. Erzeugnisspezialisierter Produktionsbereich: Zahnräder

1. die Zurverfügungstellung hochproduktiver Produktionsmittel für den Maschinenbau selbst und für die verschiedensten Zweige der Volkswirtschaft,
2. die rationelle Herstellung der Produktionsmittel in den Maschinenbaubetrieben.

Das bedeutet, daß bereits bei der Aufgabenstellung für eine Neuentwicklung gleichberechtigt neben technischen Forderungen eine Reihe ökonomischer Forderungen gestellt werden müssen, um die höchste Ausnutzung der Maschine für die Bedürfnisse der sozialistischen Gesellschaft zu sichern. Solche ökonomischen Forderungen sind: der Bedarf, die wirtschaftlichste Herstellung mit minimalen Selbstkosten, das volkswirtschaftlich gerechtfertigte Priesniveau, die kürzesten Termine der Bereitstellung, der höchste Nutzeffekt bei der Anwendung der Maschine usw. Wir formulieren die Gesamtheit der Forderungen wie folgt:

1. Höchstes technisches Niveau; darunter fallen nicht nur reine leistungsmäßige Daten, sondern auch Forderungen an die Stabilität, die Instandhaltungs- und Modernisierungsgerechtheit, leichte Bedienbarkeit usw.
2. Höchster Grad der Fertigungsreife der Neukonstruktion. Mit dieser Forderung soll die Konstruktion die rationellste Technologie sichern durch Vervollkommnung, Standardisierung und Wiederholbarkeit der Werkstücke und Baugruppen, die Verwendung eines optimalen Materialsortiments, den niedrigsten Arbeitsaufwand bei der Herstellung u. dgl. mehr. Wir haben bereits im Jahre 1958[1] auf dieses mit ökonomischen und organisatorischen Problemen eng verbundene Erarbeiten des Grades der fertigungsreifen Konstruktion hingewiesen. Und wir sind der Auffassung, daß diesem Problem beim Erreichen des Höchststandes der Technologie besondere Bedeutung zukommt.
3. Höchster ökonomischer Nutzeffekt bei der Anwendung der Maschine.

Alle 3 Forderungen bilden eine Einheit, bedingen sich gegenseitig und sind grundsätzlich bei einer Neuentwicklung zu fordern und zu kontrollieren.

Besonders wichtig erscheint uns in diesem Zusammenhang, einige grundsätzliche Gedanken zur Produktivität von Maschinen zu äußern.

[1] *H. Lange, J. Neumann*, Zur ökonomischen Bewertung der Fertigungsreife von Konstruktionen, in: „Der Industriebetrieb", Heft 4, 1958, S. 165–173.

Wir denken damit im Sinne der Worte zu handeln, die *W. Ulbricht* anläßlich seines Besuches der Technischen Universität Dresden an die Ökonomen richtete. Er forderte exakte ökonomische Berechnungen neuer Maschinen, um von vornherein auf das Erreichen der höchsten Produktivität zu orientieren, die Aufdeckung und Beseitigung ökonomischer Hemmnisse bei der Durchsetzung des technischen Fortschritts u. dgl. mehr.

Das technische Niveau neuer Maschinen ist in der Regel mit einer höheren Produktivität gegenüber den alten verbunden, wobei technische, technologische, okönomische und organisatorische Faktoren auf die Erhöhung der Produktivität Einfluß nehmen. *Marx* schrieb in einem Brief an *Annenkow* über die Maschine:

> „Die Maschine ist ebensowenig eine ökonomische Kategorie wie der Ochse, der den Pflug zieht . . . doch die Art, wie die Maschinen ausgenutzt werden, ist etwas völlig anderes als die Maschinen selbst.“ [1]

Das Erkennen und Ausnutzen von Reserven zur Steigerung der Produktivität ist sowohl eine Angelegenheit des Konstrukteurs bei der Entwicklung neuer Maschinen wie des Technologen, Meisters und Arbeiters bei deren Einsatz in der Produktion.

Die Produktivität einer Maschine[2] ist die bei ihrer Nutzung in der Zeiteinheit herstell- oder bearbeitbare Produktenmenge. Ihre Höhe – stets reziproker Wert einer Zeitgröße – wird von der konstruktiven Auslegung der Maschine, den angewandten technologischen Verfahren und den organisatorischen Bedingungen ihrer Ausnutzung bestimmt. In Abhängigkeit von der Art des Erzeugnisses wird die Produktivität der Maschine in Mengen-, Längen- und Gewichtseinheiten ausgedrückt. Während sich die Metallurgie vorwiegend der Gewichte (Tonnen) und der Längenkennziffer (Meter) bedient, wird im Maschinenbau bis auf

[1] *K. Marx*, Brief an Annenkow, in: *Marx/Engels*, Ausgewählte Schriften, Band II, Berlin 1955, S. 418.

[2] Der Begriff „Produktivität der Maschine“ kommt häufig in der sowjetischen und kaum in der ökonomischen Literatur der DDR vor. *W. Sobol* erklärt in seinem Artikel: Einige wichtige Fragen der Statistik der Arbeitsproduktivität, in: „Statistisches Mitteilungsblatt“, 2, 1956, S. 40, russisch, folgendes: „Die gebräuchlichen Ausdrücke wie ‚Produktivität der Werkzeugmaschine‘, ‚Produktivität des Hochofens‘ bedeuten nur, daß mit Hilfe dieser Produktionsinstrumente die Werktätigen eine bestimmte Menge Produkte erzeugen.“

wenige Ausnahmen (z. B. bei Schneid- und Schweißapparaten) die Mengenkennziffer (Stück) verwendet.

Die Ausgangsgrößen für die Bestimmung der Produktivität der Maschine sind der technologische und der Arbeitszyklus der Maschine.

Der *technologische Zyklus* einer Maschine ist die Gesamtheit der in technologisch bedingter Aufeinanderfolge ablaufenden Grund- und Hilfsoperationen einer Maschine bei der Bearbeitung eines Einzelteiles oder eines Bearbeitungsloses. Quantitativer Ausdruck seiner Dauer ist die operative Bearbeitungszeit (t_0).

Der *Arbeitszyklus* einer Maschine ist der Zeitraum zwischen zwei aufeinanderfolgenden ausgestoßenen Teilen bzw. Gruppen von Teilen. Quantitativer Ausdruck seiner Dauer ist der Ausstoßrhythmus der Maschine (r_M).

Zur exakten Bestimmung der Produktivität der Maschine, aber auch zur Einschätzung der konstruktiven Vollkommenheit und des Grades ihrer Ausnutzung unterscheidet man *drei Arten der Produktivität der Maschine*:

1. die theoretische Produktivität (K),
2. die technologische Produktivität (P),
3. die tatsächliche Produktivität (Q).

Zur theoretischen Produktivität K

Die theoretische Produktivität K ist die in der Zeiteinheit bearbeitbare Anzahl von Einzelteilen unter der Voraussetzung, daß der technologische bzw. Arbeitszyklus der Maschine nur aus Operationen *zur unmittelbaren Bearbeitung* des Arbeitsgegenstandes besteht. Quantitativer Ausdruck seiner Dauer ist für Maschinen mit einer Bearbeitungsstation die Grundzeit t_G. Daraus ergibt sich:

$$K = \frac{1}{t_G} 60 \text{ (Stück/h)}$$

Die Produktivität K ist das theoretische Produktivitätsmaximum der Maschine. Sie ist der Ausdruck der erreichten Produktivität bei der unmittelbaren Bearbeitung des Arbeitsgegenstandes.

Zur technologischen Produktivität P

Die technologische Produktivität P ist die in der Zeiteinheit herstell- oder bearbeitbare Anzahl von Einzelteilen unter Berücksichtigung aller *innerzyklischen Zeitanteile*, d.h. unter Zugrundelegung der im technologischen Arbeitszyklus enthaltenen Grund- und Hilfszeiten.

$$P = \frac{1}{t_G + t_H} \cdot 60 = \frac{1}{t_0} \cdot 60 \text{ (Stück/h)}$$

t_H = Hilfszeit

Die technologische Produktivität ist somit die mit einer gegebenen Maschine in der Zeiteinheit herstellbare Produktenmenge bei *Ausschaltung aller außerhalb des technologischen Arbeitszyklus liegenden Verlustzeiten.*

Durch Einsetzen von K (der theoretischen Produktivität) erhält man den quantitativen Zusammenhang von theoretischer und technologischer Produktivität:

$$P = K \cdot \frac{1}{1 + \frac{K \cdot t_H}{60}} = K \cdot \eta_K$$

η_K *soll als der Koeffizient der Kontinuität des technologischen Zyklus* der Maschine definiert werden.

$$\eta_K = \frac{1}{1 + \frac{K \cdot t_H}{60}} = \frac{P}{K} = \frac{t_G}{t_G + t_H}$$

Er ist *Ausdruck der extensiven Ausnutzung* der theoretischen Produktivität der Maschine innerhalb des technologischen Zyklus.

Es ist zu erkennen, daß die technologische Produktivität von K und t_H abhängig ist. η_K schwankt zwischen $0 < \eta_K < 1$. Bei konstanter Hilfszeit t_H nimmt der Koeffizient η_K mit zunehmender theoretischer Produktivität ab. Daraus resultiert: Die Steigerung der technologischen Produktivität P als Aufgabe wird a) durch die Steigerung der theoretischen Produktivität K und b) durch die Vereinigung der nicht mit der Grundzeit überlagerten Hilfszeit erreicht.

Die jeweils vorgefundenen η_K-Werte bestimmen dabei die Hauptrichtung zur Verkürzung des technologischen Zyklus.

Daraus ergeben sich folgende Schlußfolgerungen:

1. Die Produktivität einer Maschine erhöht sich nicht proportional der Vergrößerung der theoretischen Produktivität. Mit ihrer Steigerung ergibt sich die Aufgabe, den η_K-Wert durch Verkürzung von Hilfszeiten konstant zu halten, da er wie Bild 4 zeigt, bei gleichem t_H-Wert absinkt.

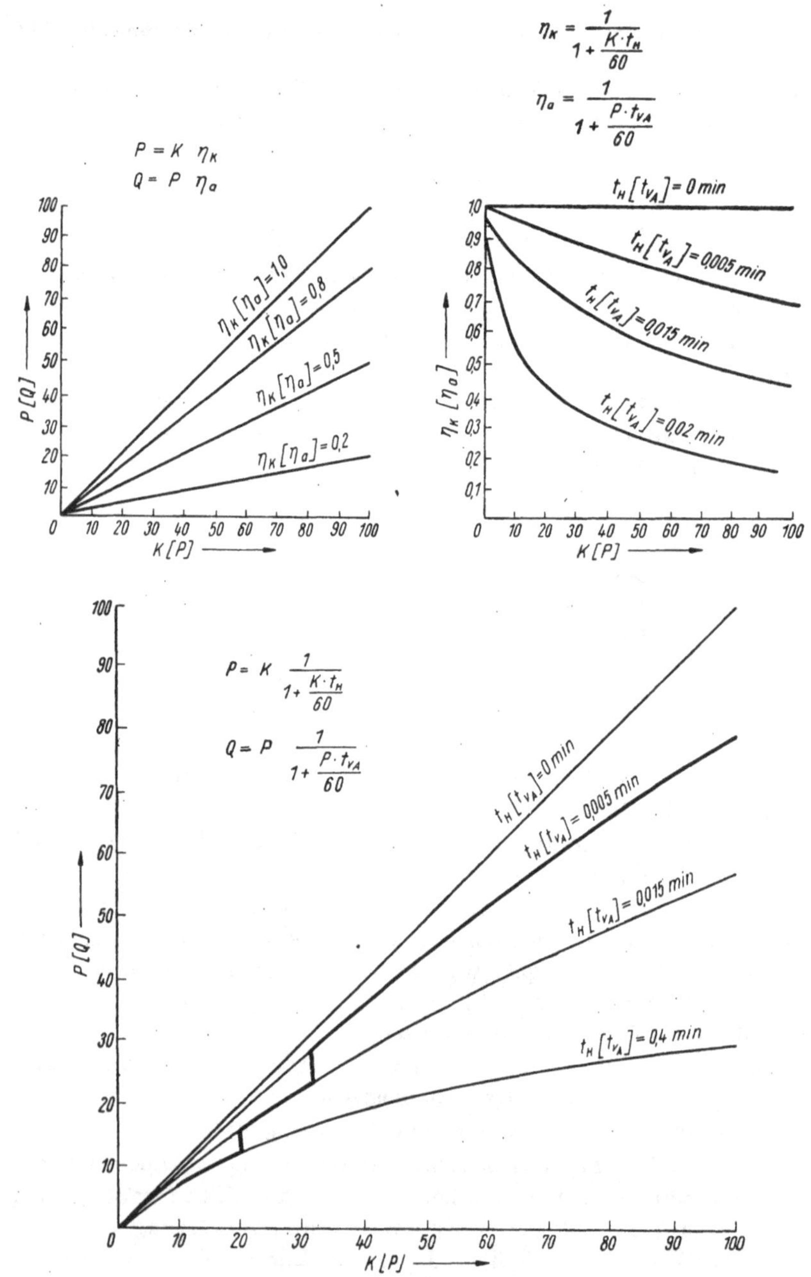

$\eta_K = \frac{1}{1 + \frac{K \cdot t_H}{60}}$
$\eta_a = \frac{1}{1 + \frac{P \cdot t_{vA}}{60}}$
$P = K \ \eta_K$
$Q = P \ \eta_a$
$\eta_K [\eta_a] = 1{,}0$
$\eta_K [\eta_a] = 0{,}8$
$\eta_K [\eta_a] = 0{,}5$
$\eta_K [\eta_a] = 0{,}2$
P [Q]
K [P]
$t_H [t_{vA}] = 0$ min
$t_H [t_{vA}] = 0{,}005$ min
$t_H [t_{vA}] = 0{,}015$ min
$t_H [t_{vA}] = 0{,}02$ min
$\eta_K [\eta_a]$
$P = K \ \frac{1}{1 + \frac{K \cdot t_H}{60}}$
$Q = P \ \frac{1}{1 + \frac{P \cdot t_{vA}}{60}}$
$t_H [t_{vA}] = 0$ min
$t_H [t_{vA}] = 0{,}005$ min
$t_H [t_{vA}] = 0{,}015$ min
$t_H [t_{vA}] = 0{,}4$ min

Bild 4

2. Auf Bild 4 ist die Entwicklung der technologischen Produktivität in Abhängigkeit von K bei vier verschiedenen, unveränderlichen t_H-Werten dargestellt. Daraus ist zu erkennen, daß von einem bestimmten Wert der theoretischen Produktivität an der Hauptweg zur Steigerung der technologischen Produktivität in der Verkürzung der Hilfszeiten besteht. Dieser Zusammenhang ist richtungweisend für die konstruktive Entwicklung der Werkzeugmaschinen. Die in den ersten Jahrzehnten des 20. Jahrhunderts einsetzende schnelle Entwicklung des Werkzeuges (Anwendung von Schnellschnitt- und Hartmetallwerkzeugen) verlangte neue Werkzeugmaschinen, deren wichtigste Merkmale

   hohe Drehzahlen,
   große Motorleistungen,
   große feingestufte Vorschubbereiche und
   große Starrheit der Konstruktion

   zu bedeutenden Verkürzungen der Grundzeit führten. Obwohl durch entsprechende konstruktive Maßnahmen (Vielstahlhalter, Einhebelsteuerungen, Vorwählschaltungen u. a. m.) die Hilfszeiten an den Maschinen ebenfalls reduziert wurden, ist ihr Anteil an den operativen Zeiten noch unzulässig groß.
   Die Verringerung der Hilfszeitanteile wird beim gegenwärtigen Stand der Maschinen zu einem Kernproblem. Die Aufgabe der Automatisierung besteht daher nicht nur in der Übertragung der bisher vom Menschen ausgeübten Funktionen auf die Maschine, sondern vielmehr in der radikalen Verkürzung des für diese Funktion erforderlichen Zeitaufwandes.

3. Aus dem gezeigten Bild 4 ergibt sich weiterhin, daß die Automatisierung keinesfalls in jedem Falle eine gleichgroße Steigerung der technologischen Produktivität ergibt. Das trifft besonders bei kleinen Werten von K zu. In den Bereichen großer technologischer Produktivität wird die Automatisierung zur unbedingten Notwendigkeit.

Diese analytischen Betrachtungen bilden den Ausgangspunkt beim Entwurf neuer Konstruktionen und bei der Durchführung der Maßnahmen der Modernisierung bereits vorhandener Maschinen.
Die Tendenzen zur Senkung der Grund- und Hilfszeiten drücken sich auch im verstärkten Einsatz von Sonder- und Spezialmaschinen bei einem gleichzeitigen Rückgang an Universalmaschinen aus.

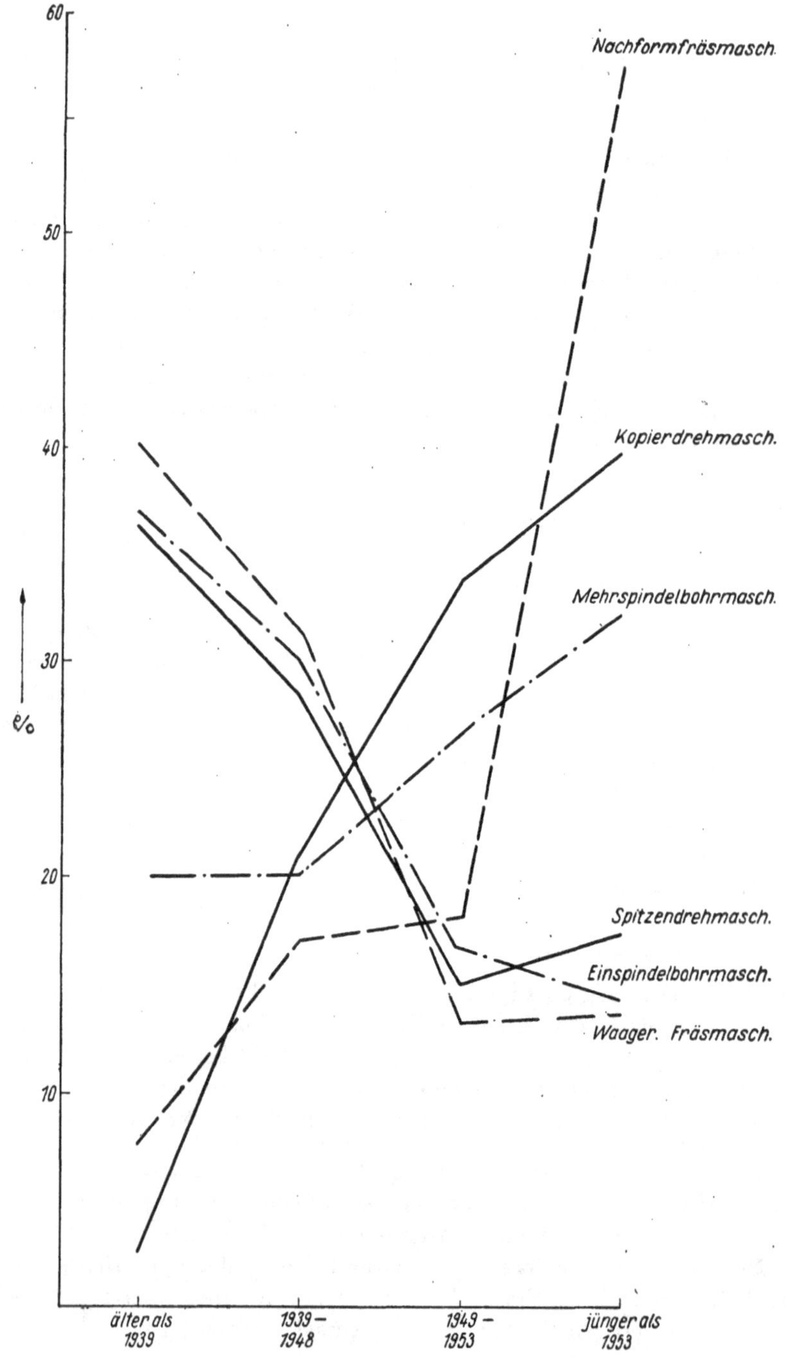

60
50
40
30
20
10
%
Nachformfräsmasch.
Kopierdrehmasch.
Mehrspindelbohrmasch.
Spitzendrehmasch.
Einspindelbohrmasch.
Waager. Fräsmasch.
älter als 1939
1939 – 1948
1949 – 1953
jünger als 1953

Bild 5

Das gewählte Beispiel ist das Ergebnis einer Maschinenzählung in Italien. (In der DDR sind leider durch die Statistik keine Strukturveränderungen von Werkzeugmaschinen erkennbar zu machen.) Im Bild 5 ist der starke Anteil produktiver Mehrspindelbohrmaschinen, Kopierdrehmaschinen, Nachformfräsmaschinen gegenüber Universalmaschinen ersichtlich. Für die Bedingungen der Einzel-, Klein- und Mittelserienfertigung der DDR gilt es, in verstärktem Maße alle technisch-technologischen Möglichkeiten zur Erhöhung der technologischen Produktivität nutzbar zu machen.

In diesem Zusammenhang sei noch eine Beziehung zwischen Produktivität und Aufwand zur Herstellung einer Maschine genannt.

Es ist dargestellt worden, daß für die Verringerung von t_G und t_H bestimmte, relativ große Aufwendungen betrieben werden müssen. Jede Steigerung des Aufwandes zur Herstellung einer Maschine, eines Automaten oder einer automatischen Linie ist nur dann gerechtfertigt und zu vertreten, wenn die Aufwandssteigerung in einem bestimmten Verhältnis zur Steigerung der Produktivität steht.

Diese Problematik ist in Bild 6 dargestellt. Die technische Entwicklung von Spitzendrehmaschinen wurde hier in einer Entwicklungsreihe dargestellt. Es kommt uns dabei darauf an, den grundsätzlichen Zusammenhang von Aufwand und Produktivität zu zeigen.

Die Aufwandsentwicklung unterliegt natürlich verschiedenen Einflüssen, die die dargestellte Entwicklung beeinträchtigen. Der Aufwand wurde in Preisen (JAP) angegeben, deren Problematik bekannt ist und ebenfalls ein wichtiges Forschungsgebiet der Ökonomen der DDR darstellen wird.[1] Von diesen und anderen Einflüssen haben wir abstrahiert, denn es kommt uns auf die Darlegung der tendenziellen Entwicklung an. In dieser Hinsicht ist sie gesetzmäßig und drückt den technischen Fortschritt aus. Es ist zu erkennen, daß der Aufwand mit zunehmender technischer Vervollkommnung auf das 6fache, während die Produktivität P auf etwas mehr als das Doppelte anstieg.

Daraus ergeben sich folgende Schlußfolgerungen:

1. Die Maschine, die durch Veränderung mittels Zusatzbaugruppen dem Werkstück angepaßt werden kann, ist der anderen überlegen. Das ist zu erreichen durch herkömmliche Serienkonstruktionen (Magkomat) und durch die Anwendung des Baukastensystems.

[1] Vgl. *Mann* u. *Steeger*, Preis und Prämie kontra neue Technik, in: „Neues Deutschland“ v. 17. 10. 1962.

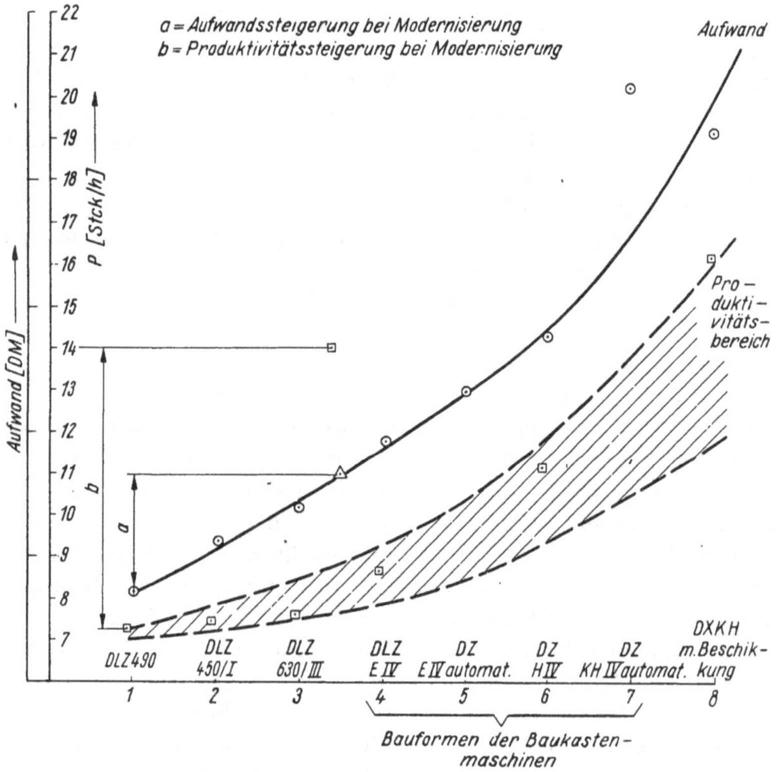

Bild 6

2. Gleiche Ergebnisse müssen durch eine stärkere Modernisierung erzielt werden. Auf die modernisierungsgerechte Konstruktion ist Wert zu legen.

Das wir das nicht ausschöpfen zeigt folgendes:

Nur bei jeder siebenten Generalreparatur von Werkzeugmaschinen wird gleichzeitig das produktionstechnische Niveau durch Modernisierungsmaßnahmen erhöht, woraus sich die Forderung erhebt, daß die Funktionäre unserer Betriebe der Modernisierung mehr als bisher Beachtung schenken müssen.

Im Jahre 1960 generalreparierte der VEB Funkwerk Köpenick 7 Werkzeugmaschinen, die alle modernisiert wurden. Beim VEB Pumpenwerke Halle wurden ebenfalls die 1960 generalreparierten 13 Werk-

zeugmaschinen modernisiert. Ähnlich war es beim VEB Fräs- und Schleifmaschinenwerk Leipzig. Hier wurden 15 Werkzeugmaschinen generalrepariert, davon 11 Maschinen modernisiert.
Bei den beiden Großbetrieben VEB Robur-Werke Zittau und VEB Automobilwerk Eisenach wurde jedoch keine der 32 bzw. 73 generalreparierten Maschinen modernisiert und damit auch auf jede Steigerung des produktionstechnischen Niveaus verzichtet.
Es ist eine Bestätigung für die Richtigkeit der Forderung nach weitgehenden Modernisierungsmaßnahmen bei einem großen Teil aller Generalreparaturen, wenn in der VVB EBM mit dem höchsten Durchschnittsalter der Werzeugmaschinen von 22,3 Jahren auch der größte Anteil aller Generalreparaturen mit Modernisierungsmaßnahmen verbunden werden. Es resultiert daraus, daß mit dem Durchschnittsalter auch die Notwendigkeit der Modernisierung steigt.

3. Der hohe Aufwand der gegenwärtig produzierten Maschinen verlangt die verantwortungsvollste Auswahl bei der Anschaffung der Maschinen.

Zur tatsächlichen Produktivität Q

Der dargestellte Zusammenhang von theoretischer Produktivität K und technologischer Produktivität P gilt in gleichem Maße auch für das Verhältnis der technologischen Produktivität P zur tatsächlichen Produktivität Q.

Setzt man $P = \frac{1}{t_G + t_H}$ in die Gleichung der tatsächlichen Produktivität

$$Q = \frac{1}{t_G + t_H + t_{VA}} \quad \text{ein, wobei}$$

t_{VA} = der anteilmäßige Zeitaufwand aller außerzyklischen Verlustzeiten pro Einzelteil $\left(t_{VA} = \frac{T_{VA}}{n}\right)$,

T_{VA} = die Summe aller in einem bestimmten Zeitraum anfallenden außerzyklischen Verlustzeiten und

n = die in diesem Zeitraum gefertigte Stückzahl sind,

so ergibt sich mit dem Ausdruck

$$Q = P \cdot \frac{1}{1 + \frac{P \cdot t_{VA}}{60}} = P \cdot \eta_a, \quad \text{wobei}$$

$$\eta_a = \frac{1}{1 + \frac{P \cdot t_{VA}}{60}} = \frac{t_0}{t_0 + t_{VA}} = \frac{t_G + t_H}{t_G + t_H + t_{VA}}$$

der Grad der extensiven Ausnutzung des Schichtzeitfonds der Maschine der quantitative Zusammenhang von P und Q ist.

Als tatsächliche Produktivität Q ergibt sich demnach die bei einem gegebenen Niveau der technischen, technologischen und organisatorischen Produktionsbedingungen in der Zeiteinheit hergestellte oder bearbeitete Anzahl von Einzelteilen.

Aus dem Vergleich der technologischen und tatsächlichen Produktivität wird der Zusammenhang und die gegenseitige Abhängigkeit technisch-konstruktiver, technologischer und produktions-organisatorischer Maßnahmen ersichtlich.

Der Auslastungskoeffizient η_a der Maschine ist der Grad der extensiven Ausnutzung des Schichtzeitfonds der Maschine.

Die tatsächliche Produktivität Q ist eine Funktion von technologischer Produktivität P und η_a. Sie steigt mit zunehmendem P um so schneller, je größer der Koeffizient η_a ist (Bild 4). Da aber η_a ebenfalls eine von P abhängige Größe ist, die mit zunehmender technologischer Produktivität P um so stärker sinkt, je größer die Verlustzeit t_{VA} ist (Bild 4), steigt die tatsächliche Produktivität Q nur anfangs annähernd proportional der technologischen Produktivität P und nähert sich dann beim weiteren Steigen von P einem Grenzwert (Bild 4).

Daraus ist zu schlußfolgern, daß eine Steigerung der tatsächlichen Produktivität einer Maschine

durch eine Steigerung von P, d. h. der Senkung der operativen Zeit t_0
und durch die Verringerung außerzyklischer Verlustzeiten t_{VA}

möglich ist.

Im Verlaufe der technischen Entwicklung und damit des Wachstums der Aufwendungen für produktivere Produktionsmittel wirkt sich die Höhe außerzyklischer Verlustzeiten in zunehmendem Maße negativ auf die Bearbeitungskosten aus. Deshalb verlangt die Steigerung der tatsächlichen Produktivität Q eine schnelle Verringerung von t_{VA}, um ein Minimum an Bearbeitungskosten zu erzielen.

Diesem bisher nur ungenügend berücksichtigten Zusammenhang zwischen dem technischen Niveau der Ausrüstungen und dem organisatorischen Niveau der Produktion kommt bei der Automatisierung der Produktionsprozesse grundsätzliche Bedeutung zu. Von einem bestimmten

Punkt an wird jede Steigerung der technologischen Produktivität durch Automatisierungsmaßnahmen und der damit verbundene Aufwand unwirtschaftlich, wenn die Steigerung nicht zugleich mit einer verbesserten Kontinuität des Gesamtprozesses verbunden ist.

Der Aufbau von Produktionsprozessen, die einen weitestgehend kontinuierlichen, d. h. unterbrechungslosen Prozeßverlauf sichern, wird zur unmittelbaren Voraussetzung des wirtschaftlichen Einsatzes der neuen Technik. Auf diesen wichtigen Zusammenhang wies *K. Marx* bereits in den „Heften über Fragen der Technik“ mit folgenden Worten hin:

> „Die Kontinuität und das automatische Arbeiten der Maschine sind in der Automatisierung der Produktion zwei große Prinzipien, die den außergewöhnlichen Erfolg ihres gemeinsamen Wirkens bedingen.“[1]

Mit diesen Betrachtungen zur Produktivität sind die Fragen natürlich keineswegs erschöpft. Es ist notwendig, auf diesem Gebiet in verschiedenen Bereichen der Industrie weiterzuarbeiten.

[1] *K. Marx*, Hefte über Fragen der Technik. Zitiert nach *Strumilin*, Ökonomische Probleme der Automatisierung der Produktion, Berlin 1957, S. 11.

3. ZUR BESTIMMUNG DES ÖKONOMISCHEN NUTZEFFEKTS DER NEUEN TECHNIK

3.1. Die Problematik der Bestimmung des ökonomischen Nutzeffekts der neuen Technik

Es wäre demnach noch erforderlich, einige Probleme der Bestimmung des ökonomischen Nutzeffektes der Anwendung der neuen Technik, insbesondere neuer Maschinen zu behandeln. Die Beantwortung dieser Frage ist entscheidend für die Konstruktion neuer Maschinen und Anlagen, für die Fixierung der Entwicklungsrichtung des technischen Fortschritts und die Verteilung der neuen Maschinen.

Wir möchten bei den folgenden Ausführungen darauf hinweisen, daß die Bestimmung des ökonomischen Nutzeffekts der neuen Technik im Maschinenbau, insbesondere der Automatisierung, ein untrennbarer Bestandteil der Bestimmung des Nutzeffekts von Investitionen ist, d. h. auf dieser Bestimmungsbasis aufbaut, jedoch bestimmte Besonderheiten die objektgebunden sind, aufweisen muß.

Die Mechanisierung und Automatisierung von Produktionsprozessen erfordert in den meisten Fällen die Bereitstellung von Investitionsmitteln. Vom sozialistischen Staat werden jährlich umfangreiche Mittel für die Hebung des technischen Niveaus der Produktion verausgabt. Mit der Verteilung dieser Mittel erhebt sich die Frage, bis zu welchem Grade die Vervollkommnung der Technik getrieben werden soll und ob eine neue Maschine oder ein neues technologisches Verfahren eine derartige Steigerung der Produktivität verursacht, die die erforderlichen Ausgaben an Investitionsmitteln rechtfertigt.

Die Bestimmung des ökonomischen Nutzeffekts der neuen Technik ist in erster Linie ein volkswirtschaftliches Problem. Die Verausgabung der Investitionsmittel für die Entwicklung der Produktion muß unter dem Aspekt vorgenommen werden, daß mit geringstem Aufwand an

[1] Vgl. Kolloquium Energiewirtschaft und Ökonomie. Abhandlungen der DAdW zu Berlin, Klasse für Mathematik, Physik und Technik, Berlin 1959. Nr. 4.

Mitteln in kürzester Zeit ein volkswirtschaftlich maximales Ergebnis erzielt wird. Die existierenden politischen und ökonomischen Bedingungen sind hierbei zu beachten. Das trifft im Grunde genommen auch auf Maschinen und Anlagen zu, die an irgendeinem Platz im Produktionsprozeß stehen sollen.

Die Größe des ökonomischen Nutzeffekts wird im wesentlichen durch die vorgenommene Verteilung der Investitionsmittel beeinflußt. Die Verteilung der Investitionen für die einzelnen Objekte des technischen Fortschritts kann jedoch nur bei bewußter Ausnutzung des Gesetzes der planmäßigen und proportionalen Entwicklung der Volkswirtschaft vor sich gehen unter Berücksichtigung folgender Prinzipien:

a) Wahrung der richtigen Proportionen zwischen der Produktionsmittel- und Konsumgüterproduktion, wobei grundsätzlich das vorrangige Wachstum der Produktionsmittel herstellenden Zweige und Betriebe zu sichern ist.

b) Zweckmäßige Verteilung der Investitionsmittel zwischen den Industriezweigen entsprechend der allgemeinen Richtungen des technischen Fortschritts. Dabei ist zu beachten, daß die durch Investitionen in einem Industriezweig hervorgerufene Produktionssteigerung mit den verflochtenen Industriezweigen abgestimmt wird.

c) Zweckmäßige Verteilung der Investitionsmittel innerhalb eines Industriezweiges. Der Einsatz von Investitionsmitteln kann innerhalb eines Zweiges in verschiedenen Betrieben, die gleiche Produkte erzeugen, einen unterschiedlichen Nutzeffekt auslösen. Das hängt von dem Standort eines Betriebes und damit zusammenhängend von den Transportmöglichkeiten für Material bzw. Fertigerzeugnisse ab, von dem technischen Niveau eines Betriebes, dem Niveau der Organisation des Produktionsprozesses und von der Anzahl der verfügbaren qualifizierten Arbeitskräfte.

d) Zweckmäßige Verausgabung von Investitionsmitteln im Betrieb durch Auswahl der wirtschaftlichsten Maschine oder des wirtschaftlichsten technologischen Verfahrens innerhalb des gesamten Produktionsprozesses.

e) Beachtung gesundheitsschützender Maßnahmen und Durchsetzung von Arbeitserleichterungen.

Die Berücksichtigung dieser Gesichtspunkte bei der Verteilung der Investitionen sind für die planmäßige Entwicklung der Volkswirtschaft unerläßlich, wenn ernsthafte Störungen und Tempoverluste vermieden werden sollen. Für die Berechnung der optimalen Verteilung der Investitionsmittel zur Sicherung des höchsten ökonomischen Nutzeffekts bieten die sozialistischen Produktionsverhältnisse die günstigsten Voraussetzungen. Der ökonomischen Forschung in der DDR eröffnet sich ein interessantes und problemreiches Betätigungsfeld.

Es bedarf keiner weiteren Erläuterung, daß die Ökonomen der DDR auf diesem Gebiet Tempoverluste erlitten haben und daß in den anderen sozialistischen Staaten der Lösung dieser Fragen konzentrierte Aufmerksamkeit geschenkt wird. Hierfür nur einige Beispiele:

Die im April 1960 in Moskau[1] stattgefundene wissenschaftliche Tagung über die Anwendung mathematischer Methoden in der ökonomischen Forschung und in der Planung befaßte sich eingehend mit der mathematischen Analyse der sozialistischen erweiterten Reproduktion, der Entwicklung ökonomisch-mathematischer Modelle der Volkswirtschaft sowie zwischenzweiglicher Bilanzen. Diese Arbeiten enthalten wertvolle Grundlagen für die Bestimmung des ökonomischen Nutzeffekts. Besonders wichtig sind die Versuche zur quantitativen Darstellung der Dynamik der erweiterten Reproduktion, die für die Entwicklung der Investitionstätigkeit Bedeutung haben.

Ein Versuch in der gleichen Richtung ist die Arbeit *O. Langes* über „Produktionstechnische Grundlagen des Nutzeffekts der Investitionen"[2]. Ausgangspunkt der Betrachtungen *Langes* ist die entfaltete Bilanz des Aufwandes und Ausstoßes der Produkte unter Berücksichtigung der Verflechtung einzelner Zweige, der sich Optimierungsuntersuchungen anschließen.

Aus der Volksrepublik Ungarn sind die Untersuchungen über langjährige Programme der Investitionstätigkeit einzelner Industriezweige vermittels mathematischer Methoden bekannt.[3] Durch die parametri-

[1] Mathematische Methoden in der Ökonomik. Wirtschaftswissenschaftliche Informationen, Heft 23.

[2] *O. Lange*, Produktionstechnische Grundlagen des Nutzeffekts der Investitionen, in: Anwendung der Mathematik in der ökonomischen Forschung, Teil 2, Moskau 1961.

[3] *J. Kornaix*, Anwendung mathematischer Methoden bei der Planung von Investitionen und der technischen Entwicklung. Referat auf der Internationalen Konferenz über Ökonomik, Organisation der Produktion und Arbeit, Warschau, Juli 1962, Manuskriptdruck.

sche Programmierung wird eine simultane Untersuchung einer größeren Anzahl von Alternativen durchgeführt, um schließlich die günstigste Investitionsvariante auszuwählen.

Für die weitere Forschungstätigkeit zur Weiterentwicklung der Methodik der Investitionsprogrammierung wird auf die Anwendung nichtlinearer Programmierungsmodelle und die Einbeziehung von Verflechtungsbilanzen orientiert.

Diese Beispiele zeigen den Ökonomen der DDR anschaulich, welche Wege zu beschreiten sind und welche Mittel genutzt werden können.

Für die praktische Arbeit in den Betrieben und Industriezweigen sowie für die Entwicklung der industriezweiggebundenen ökonomischen Disziplinen in der DDR wirkt es sich hemmend aus, daß das Problem der Bestimmung des ökonomischen Nutzeffekts auf überbetrieblicher d. h. volkswirtschaftlicher Ebene, abgesehen von einigen Versuchen, noch keine grundsätzliche theoretische Klärung erfahren hat. Die Forschungsergebnisse der Wissenschaftler aus der Sowjetunion, aus Polen und Ungarn beweisen, daß die exakte Bestimmung des ökonomischen Nutzeffekts nur aus der Kenntnis des gesellschaftlichen Reproduktionsprozesses und nur durch die quantitative Analyse aller bestehenden Verflechtungen und Wechselbeziehungen möglich wird. Die ökonomische Forschung, auf die Lösung solcher Probleme gerichtet, ist, will sie wissenschaftlich betrieben werden, ohne die Anwendung der Mathematik mit ihren zahlreichen Methoden gegenwärtig nicht mehr denkbar.

Im Interesse der richtigen Lenkung des technischen Fortschritts besteht die schon seit langem wiederholte ernste Forderung an die Politökonomen und Volkswirtschaftlern, die theoretischen Grundlagen zur Bestimmung des ökonomischen Nutzeffekts zu erarbeiten. Nur dann können für die Praxis brauchbare Methoden zur Bestimmung des ökonomischen Nutzeffekts entwickelt werden, die auf einer einheitlichen theoretischen Auffassung basieren.

3.2 Die Meßbarkeit des ökonomischen Nutzeffekts der neuen Technik

Bei der Bestimmung des ökonomischen Nutzeffekts kommt es darauf an, den erforderlichen Investitionsaufwand mit dem durch ihn ausgelösten Resultat zu vergleichen. Es muß angestrebt werden, daß mit minimalen Investitionsaufwand eine maximale Senkung des Aufwandes an gesellschaftlicher Arbeit in möglichst kürzester Frist unter Berücksichtigung aller Erfordernisse der volkswirtschaftlichen Entwicklung erzielt wird. Der Vergleich zwischen Aufwand und Resultat ist die Grundlage für die Meßbarkeit des ökonomischen Nutzeffekts. Ergebnisse des Einsatzes von Investitionen können sein:

a) Änderung des gesamten Produktionsumfanges der Volkswirtschaft,
b) Änderung des Produktionsumfangs einzelner Industriezweige und Betriebe,
c) Änderungen des Aufwands an gesellschaftlicher Arbeit und in Abhängigkeit davon Veränderung der Selbstkostenstruktur und der Arbeitsproduktivität,
d) Beeinflussung des Material- und Werkzeugeinsatzes,
e) Steigerung der Qualität der Erzeunisse,
f) veränderte Nutzungsdauer der Erzeugnisse,
g) Änderung der Organisation des Produktionsprozesses,
h) Änderung der Qualifikation der Arbeitskräfte und der Arbeitskräftestruktur.

Selbstverständlich kann die eine oder andere Auswirkung in Abhängigkeit von den bestehenden Bedingungen mit unterschiedlicher Wichtigkeit betrachtet werden. Entscheidend ist jedoch, daß durch eine exakte Quantifizierung der Ergebnisse die Vergleichbarkeit von Aufwand und Resultat ermöglicht wird. Um dabei eine einheitliche Verfahrensweise zu gewährleisten, sind geeignete Berechnungsmethoden zur Bestimmung des ökonomischen Nutzeffekts zu erarbeiten.

In der wissenschaftlichen Forschung und in der praktischen Anwendung ist dieser Frage in allen sozialistischen Ländern in den letzten Jahren besondere Beachtung geschenkt worden. Richtungweisend ist hierbei die in der Sowjetunion im Jahre 1958 durchgeführte wissenschaftlich-technische Allunionskonferenz über die Probleme der Bestimmung des ökonomischen Nutzeffekts von Investitionen und der neuen Technik in der Sowjetunion.[1] In Auswertung der Diskussionen dieser Konferenz entstand unter Einbeziehung verschiedener wissen-

[1] Ökonomischer Nutzeffekt von Investitionen und der neuen Technik in der Sowjetunion, Moskau 1959.

schaftlicher Institutionen der Sowjetunion die „Typenmethodik der Bestimmung des ökonomischen Nutzeffekts der Investitionen und der neuen Technik in der Volkswirtschaft der UdSSR"[1]. Die Typenmethodik ist die Grundlage für spezifische Berechnungsmethodiken einzelner Industriezweige.

Sie formuliert den ökonomischen Nutzeffekt der Investitionen als die „Erhöhung der Produktivität der gesellschaftlichen Arbeit, d. h. die Senkung des Wertes je Produkteneinheit unter Berücksichtigung des Zeitfaktors. Sie hat in der Sowjetunion im wesentlichen zu einer einheitlichen Grundauffassung geführt, obwohl noch eine Reihe von Fragen wie die genaue Bestimmung des Wertes je Produkteneinheit und andere noch nicht gelöst sind.

Im Gegensatz dazu ist in der DDR noch keine einheitliche Grundauffassung herausgearbeitet worden, die Ausgangspunkt für die weitere wissenschaftliche Forschung und für die praktische Anwendung sein könnte. Dieser Mangel muß aber unbedingt überwunden werden, damit die verschiedenartigen individuellen Bestimmungsmethoden, insbesondere für den Nutzeffekt der neuen Technik, wie Automatisierung, Modernisierung, Standardisierung usw., durch verbindliche Berechnungsrichtlinien abgelöst werden, die in den einzelnen Industriezweigen differenziert anzuwenden sind.

Infolge des komplexen Charakters von Investitionsmaßnahmen und des Einflusses vieler Faktoren auf die Investitionen, aber auch infolge der Rückwirkung der Investitionsmaßnahmen auf die verschiedensten Bereiche der Produktion, besteht beim gegenwärtigen Erkenntnisstand die Einheitlichkeit in der Ansicht, daß die Bestimmung des ökonomischen Nutzeffekts der neuen Technik nur mit Hilfe eines Kennziffernsystems, das allgemeinen theoretischen und spezifischen, objektgebundenen Erfordernissen entsprechen muß, erfolgen kann. Als Hauptkennziffern in diesem System haben sich herauskristallisiert:

a) Investitionsaufwand (absolut und je Erzeugnis),
b) Produktionsumfang (in Menge und Wert),
c) Arbeitsproduktivität,
d) Selbstkosten,
e) Rückflußdauer.

[1] Typenmethodik der Bestimmung des ökonomischen Nutzeffekts der Investitionen und der neuen Technik in der Volkswirtschaft der UdSSR, Gosplanisdat, Moskau 1960.

Besondere Bedeutung ist hierbei der Kennziffer Rückflußdauer beizumessen, die eine Einschätzung über das durch die Aufwendung erzielte Ergebnis erlaubt. Die praktische Bedeutung dieser Kennziffer liegt darin, daß sie als Richtwert vorgegeben, die Entscheidung über den Einsatz der neuen Technik ermöglicht. Es besteht keine Unklarheit darüber, daß die Kennziffer Rückflußdauer mit einigen Unzulänglichkeiten behaftet ist, die hauptsächlich auf die sie bestimmenden Faktoren zurückzuführen sind. Einige Fragen sollen im folgenden aufgeworfen werden.

3.3. Die Aussagefähigkeit der Kennziffer Rückflußdauer

Die Rückflußdauer ist der Quotient aus der Differenz des Investitionsaufwandes verschiedener Varianten und der Differenz der Selbstkosten, die durch verschiedene Varianten verursacht werden. Während im Zähler der Preis für das Investitionsobjekt steht, sind im Nenner die Selbstkosten enthalten. Das bedeutet, daß die anhand der Selbstkosten berechneten Einsparungen des laufenden Aufwandes nicht die gesamte Größe der Einsparungen des Aufwands an gesellschaftlicher Arbeit ausdrücken. Der Ausdruck für den Aufwand an gesellschaftlicher Arbeit ist der Wert.

Aus dieser wichtigen Erkenntnis resultiert die z. Z. häufig vertretene Auffasung, daß die Einsparungen am Produkt für die Gesellschaft zu den Selbstkosteneinsparungen hinzuzufügen sind und die so erhaltene Gesamteinsparung der Investitionsgröße bzw. Differenz gegenüberzustellen ist. Diese grundsätzlich richtige Auffassung wäre praktisch nutzbar, wenn die Größe der Einsparung am Produkt für die Gesellschaft bei jedem Vorhaben exakt bestimmt werden könnte. Das ist z. Z. jedoch nicht der Fall. Die Betriebe, die sich dieser Methode bedienen, bestimmen das Produkt für die Gesellschaft aus dem Produkt der durchschnittlichen Nettoproduktivität je Produktionsarbeiter und Jahr, der Zahl der Produktionsarbeiter und der Akkumulationsrate des Betriebes.

Welche Unterschiede dabei an Einsparung am Produkt für die Gesellschaft im Verhältnis zu den Lohneinsparungen ausgewiesen werden und welch großen Einfluß diese Einsparung auf die Rückflußdauer und damit auf die positive oder negative Entscheidung zu einem bestimmten Vorhaben aufweisen, soll an zwei praktischen Beispielen erläutert werden:

a) In einer Studie des VEB Wema Plauen zur Bestimmung des ökonomischen Nutzeffekts bei automatischen Maschinenfließreihen wird ein Beispiel erläutert, bei dem neben einer Lohneinsparung von 24000 DM eine Einsparung am Produkt für die Gesellschaft von ebenfalls 24000 DM ausgewiesen wird.

b) In der Wirtschaftlichkeitsberechnung der automatischen Wellenstraßen im VEB Elektromotorenwerk Grünhain wird vom Institut für Elektromaschinen Dresden bei einer Selbstkostensenkung von 16345 DM eine Einsparung am Produkt für die Gesellschaft von 199435 DM errechnet.

Grundsatz jeder wirtschaftlichen Planungstätigkeit und insbesondere der Planung der Investitionen muß das Ausschalten spekulativer Größen bei Wirtschaftlichkeitsbetrachtungen sein, da ansonsten bedeutende Fehlinvestitionen nicht vermieden werden können. Der größenmäßige Nachweis der Einsparung am Produkt für die Gesellschaft bleibt jedoch so lange eine spekulative Größe, solange das Wesen dieser Einsparung nicht exakt erkannt und die Größenordnung der Einsparung nicht genau bestimmbar ist.

Bei der Einbeziehung des Produkts für die Gesellschaft in die Nutzensbestimmung müssen außerdem zwei wichtige Gedanken einbezogen werden:

a) Eine Einsparung am Produkt für die Gesellschaft tritt grundsätzlich erst dann ein, wenn die freigestellten Arbeitskräfte erneut in den Produktionsprozeß eingereiht werden, nicht jedoch wenn sie freigesetzt werden.

b) Das Maß der Einsparung am Produkt für die Gesellschaft ist abhängig von der Wertstruktur des Prozesses, in dem die freigestellten Arbeitskräfte eingesetzt werden, nicht jedoch von der Wertstruktur des Prozesses, aus dem die Arbeitskräfte herausgelöst werden.

Da außerdem die Akkumulationsrate in verschiedenen Zweigen teilweise unterschiedliche Größen aufweist und damit die Rückflußdauer bei gleichen Selbstkosteneinsparungen unterschiedlich beeinflußt, erscheint die Einbeziehung des Produktes für die Gesellschaft in die Bestimmung der Rückflußdauer als ungeeignet.

In der gegenwärtigen Etappe ist es daher sinnvoll, bei der Bestimmung des ökonomischen Nutzens von der erreichten Selbstkostensenkung auszugehen. Die damit in der Rückflußdauer enthaltene Unzulänglichkeit der Aussagekraft verlangt die Einbeziehung weiterer Größen zur Einschätzung des ökonomischen Nutzeffekts der verschiedenen technischen Maßnahmen. In der Typenmethodik ist deshalb zur Einschätzung des ökonomischen Nutzeffekts der Investitionsvorhaben und der Auswahl der ökonomisch wertvollsten vorgesehen:

1. Die erforderlichen Investitionen	DM
2. Die spezifischen Investitionen, das sind die Gesamtinvestitionen bezogen auf die Ausstoßfähigkeit der Anlage	DM/Stck
oder	DM/kW
,,	DM/Tonne
3. Die Rückflußdauer der Investitionen	Jahre
4. Die Jahresselbstkosten	DM/Jahr
5. Der Jahresumfang der Produktion	Stck/Tonne
6. Verschiedene Hilfskennziffern, die typische Merkmale des Nutzeffektes, spezifiziert nach Zweigen, ausdrücken.	

Die Rückflußdauer ist deshalb in der sowjetischen Typenmethodik nicht die einzige zur Entscheidung verwendete Kennziffer, sondern eine wesentliche Kennziffer im Rahmen des gesamten Kennziffernsystems. Ihre sinnvolle Anwendung erfordert jedoch die Erarbeitung von Rückflußdauer-Normativen, die den für die einzelnen Vorhaben errechneten Rückflußdauerwerten gegenübergestellt werden. Unter Berücksichtigung der Tatsache, daß die Selbstkosten für die praktischen Berechnungen zugrunde gelegt wurden, müssen die Rückflußdauerrichtwerte korrigiert werden, damit nicht durch die Festlegung zu geringer Rückflußdauerrichtwerte der technische Fortschritt behindert wird.

Weitere Probleme ergeben sich bei der Bestimmung der Selbstkosten. Mit zunehmendem Grad der Automatisierung verändert sich die Selbstkostenstruktur der produzierten Produkte, und die übliche Kostenkalkulation weist nicht die für einen Variantenvergleich notwendigen Details aus. In zahlreichen Diskussionen wurden in letzter Zeit die bestehenden Richtlinien über die Abschreibungen kritisiert. Das gegenwärtige System der Abschreibungssätze und die sogenannte globale Abschreibung aller Produktionsmittel mit einem Durchschnittssatz ist zu starr, ungenau und wirkt hemmend auf die Hebung des technischen Niveaus der Produktion. Bei bestimmten Mechanisierungs- oder Automatisierungsvorhaben zeichnen sich die einzelnen Bauelemente (z. B. Transporteinrichtungen, Bearbeitungseinheiten) durch eine unterschiedliche Nutzungsdauer (die exakte Bestimmung der Nutzungsdauer ist ebenfalls noch nicht gelöst) aus. Während z. B. bei einer verketteten

Maschinenfließreihe die Nutzungsdauer der Verkettungseinrichtung im starken Maße von der Fertigungsperspektive des Werkstückes abhängt und nach Auslaufen der Produktion nur selten noch verwendbar ist, ist für die Maschinen durchaus ein anderer Verwendungszweck zu finden. Gleichermaßen verhält es sich bei Baukastenmaschinen. Bei einem einheitlichen Abschreibungssatz für die gesamte Anlage werden diese objektiven Gegebenheiten vernachlässigt und die Bestimmung des ökonomischen Nutzeffekts wird fehlerhaft. Eine Überprüfung und Berichtigung der bestehenden Vorschriften für die Ermittlung der Abschreibungen in der Richtung der Differenzierung ist notwendig geworden.

Als nächstes ist die Frage der Berechnung der Gemeinkosten zu untersuchen. Die bisher geübte Praxis der Zuschlagskalkulation, in der als Basis der Lohn gilt, kann bei fortschreitender Mechanisierung und Automatisierung nicht mehr akzeptiert werden. Durch Mechanisierung und Automatisierung der Produktion entstehen vorrangig Lohneinsparungen, während andere Kostenelemente anteilmäßig zunehmen. Als gangbarer Weg zur Gemeinkostenbestimmung erscheint die Berechnung mit Hilfe von Maschinenstundenkoeffizienten, wie es in der Sowjetunion und Ungarn praktiziert wird.[1]

Auch die Bestimmung der Investitionskosten führt in vielen praktischen Fällen durch die gegenwärtigen Preisfestlegungen zu ungünstigen Werten für die Rückflußdauer. Ein Betrieb, der automatische Maschinenfließreihen oder ähnliche Sondermaschinen herstellt, ist in starkem Maße auf die Zulieferung von Bauelementen angewiesen. Diese Zulieferungen werden für den Preis erstanden, in dem Gewinn und Produktionsabgabe enthalten sind. Da für die komplette Anlage in gleicher Weise Gewinn und Produktionsabgabe zugeschlagen wird, erfolgt eine mehrfache Abführung von Gewinn und Produktionsabgabe. Das treibt die Investitionskosten in die Höhe und bewirkt eine Verlängerung der Rückflußdauer. Eine Änderung der Preisfestlegungen oder dieser Tatsache entsprechende Rückflußdauerrichtwerte sind die Schlußfolgerungen.

Neben diesen genannten Problemen, die aus der Wertbestimmung und Preisbildung resultieren, existieren noch weitere Probleme, wie die

[1] *G. Paranyi*, Rationelle Methode der Nutzeffektsbestimmung technologischer Prozesse und der Vergleich technologischer Varianten. Probleme der Technologie des Maschinenbaus, ZIF, Karl-Marx-Stadt 1960, S. 205–241.

Bestimmung des ökonomischen Nutzeffekts bei stufenweiser Inbetriebnahme von Investitionsobjekten, der Zusammenhang zwischen Nutzen und Auslastung der Arbeitsmittel, der Einfluß der Dauer der technischen Vorbereitung auf den ökonomischen Nutzeffekt u. dgl. mehr.

Der ökonomische Nutzeffekt der neuen Technik für ein bestimmtes Objekt kann nur unter Beachtung der konstruktiven, technologischen und organisatorischen Gegebenheiten berechnet werden. Auf den bestehenden Zusammenhang soll im folgenden Beispiel hingewiesen werden.

3.4. Die Berechnung des ökonomischen Nutzeffekts einer automatischen Maschinenfließreihe

Der allgemeine Ablauf der Berechnung des ökonomischen Nutzeffekts einer automatischen Maschinenfließreihe erfolgt von der Selbstkostenberechnung über den Variantenvergleich zur Berechnung der Rückflußdauer sowie zur Einschätzung weiterer Kennziffern. Beim ökonomischen Vergleich einer automatischen Maschinenfließreihe mit anderen Varianten wird die Ausstoßleistung zugrunde gelegt. Die absolute Größe der Selbstkosten bei einer beliebigen Ausstoßleistung bestimmen die erzielbaren Einsparungen. Durch die Größe der Einsparungen wird die Dauer des Rückflusses zusätzlicher Investitionsmittel festgelegt.

Die Rückflußdauer ist somit eine von der Ausstoßleistung abhängige Veränderliche.

Die Berechnung des ökonomischen Nutzeffekts einer automatischen Maschinenfließreihe wird im Stadium der Projektierung vorgenommen, um den Aufbau und den Einsatz der Anlage vom Standpunkt der Wirtschaftlichkeit zu begründen. Die konstruktive Auslegung wird durch die geforderte Ausstoßleistung bzw. Produktivität bestimmt, die wiederum beim Vergleich mit anderen Projekten eine entsprechende Rückflußdauer festlegt. Unter den praktischen Bedingungen der Produktion ist die Ausstoßleistung eine von verschiedenen Faktoren beeinflußbare Größe. Die Kenntnis dieser Einflußfaktoren und eine angenäherte Bestimmung ihrer Größe ist wichtig, damit bei der Projektierung und Konstruktion die unter praktischen Bedingungen erreichbare Ausstoßleistung zugrunde gelegt werden kann.

Bei der Bestimmung des ökonomischen Nutzeffekts automatischer Maschinenfließreihen ist deshalb zn beachten:

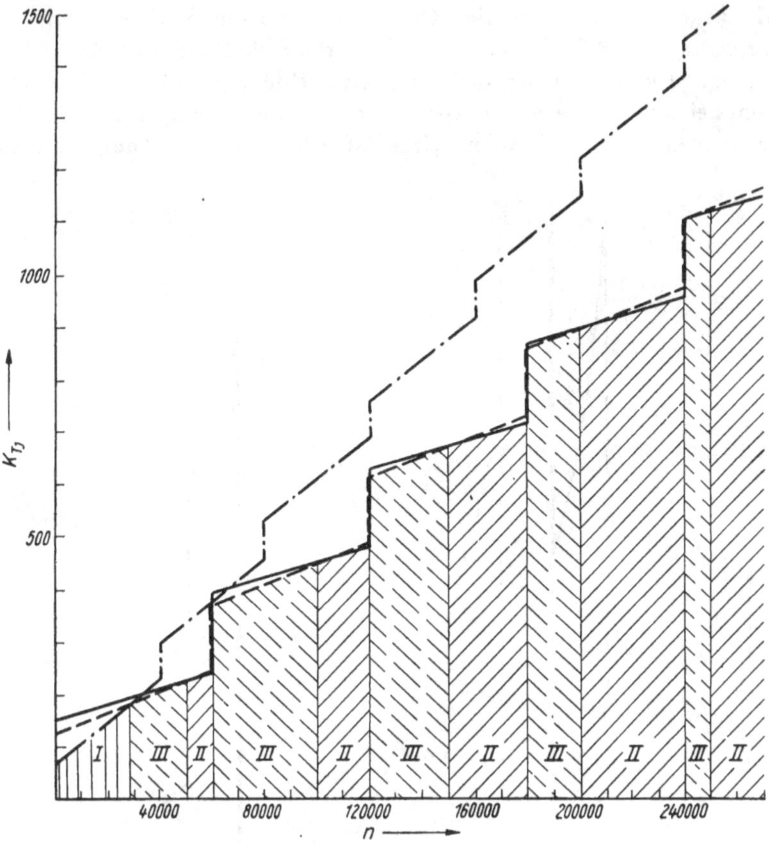

Bild 7. Technologische Jahreskosten in Abhängigkeit vom Produktionsausstoß

a) Der unterschiedliche Produktionsausstoß der zu vergleichenden Varianten

Bei der Berechnung der Kosten ist zu berücksichtigen, daß jede Maschine (bzw. automatische Maschinenfließreihe) nur die Fertigung einer begrenzten Stückzahl in einer bestimmten Zeiteinheit gestattet. Ein wesentliches Überschreiten dieser Grenze kann nur erzielt werden durch

die Vergrößerung der Schichtzahl und
den Einsatz weiterer Maschinen.

In Übereinstimmung damit verändern sich einzelne Positionen der mit dem Betrieb der Anlage zusammenhängenden technologischen Kosten.

Als Ergebnis verlaufen die Kostengeraden beim Variantenvergleich sprunghaft (Bild 7). Daraus abgeleitet erhält die Rückflußdauer in Abhängigkeit von der Ausstoßleistung den in Bild 8 gezeigten Verlauf. Obwohl bei dem Vergleich der Kostenentwicklung die einzelnen Varianten bei bestimmten Stückzahlen wirtschaftlich erscheinen, kann man mit

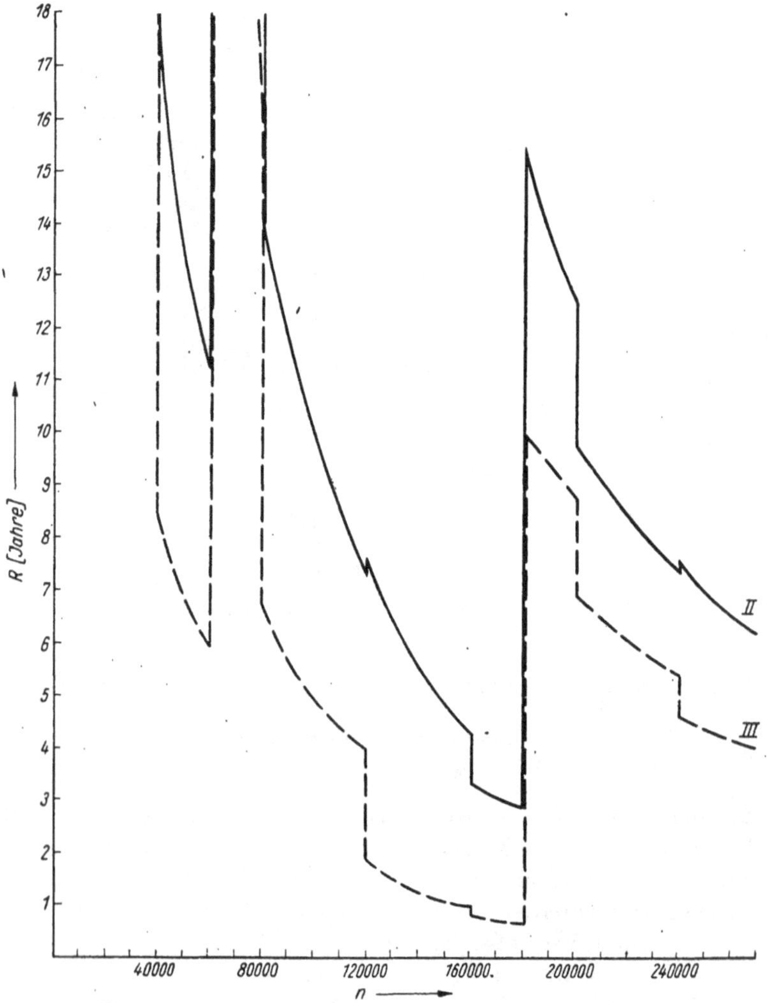

Bild 8. Rückflußdauer in Abhängigkeit vom Produktionsausstoß

diesem Ergebnis noch die endgültige Entscheidung über die Auswahl des günstigsten Verfahrens treffen. Erst in Verbindung mit der Berechnung der Rückflußdauer ist das möglich.

b) Die verminderte Ausstoßleistung im Anlaufbereich

Jede automatische Maschinenfließreihe benötigt eine bestimmte Zeit zur Erreichung des geplanten Produktionsausstoßes. Die geringere Leistung im sogenannten Anlaufbereich wirkt sich auf das ökonomische Ergebnis aus, da die geringeren Stückzahlen höhere Kosten als nach dem Anlaufbereich mit sich bringen und eine Verlängerung der Rückflußdauer verursachen.

Die Dauer des Anlaufs hängt in erster Linie von dem erreichten technischen Niveau der Anlage und dem auf ihr durchzuführenden technologischen Verfahren sowie vom organisatorischen Niveau der Produktion ab. Bild 9 zeigt den tatsächlichen Verlauf des Ausstoßes einer auto-

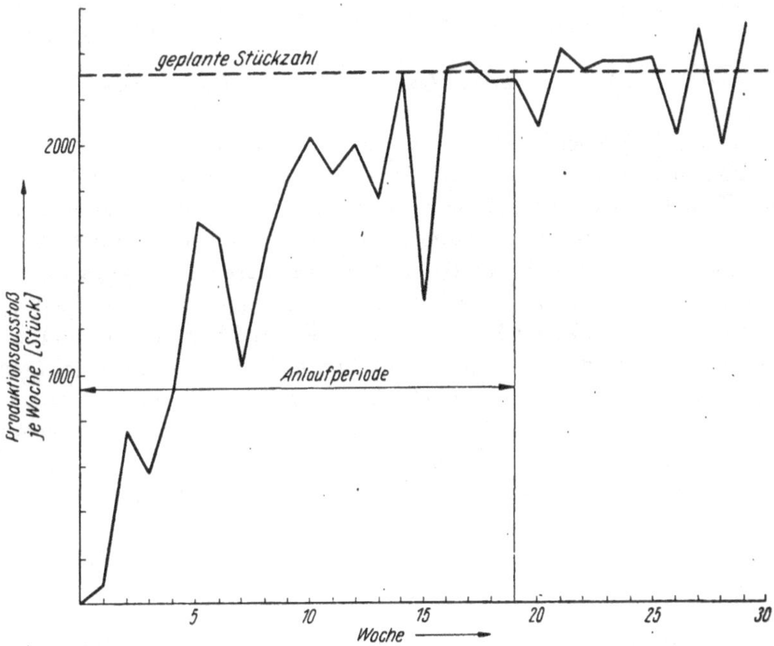

Bild 9. Produktionsausstoß einer automatischen Maschinenfließreihe

matischen Maschinenfließreihe. Bei der Projektierung, Berechnung des Nutzens und der Planung des Produktionsausstoßes ist das Verhalten einer Anlage während des Anlaufbereichs oder der Anlaufstückzahl möglichst exakt zu bestimmen. Dazu bedarf es noch vieler Untersuchungen und der Umsetzung der Erkenntnisse in die Praxis durch Bildung bestimmter Anlauffaktoren oder Exponenten.

Für die Bestimmung des ökonomischen Nutzeffekts sind über das Verhalten der Anlage während des Anlaufs Näherungsfunktionen zu schaffen. Bild 10 enthält die in Anlehnung zum tatsächlichen Ausstoß ermittelten Näherungsfunktionen. Es handelt sich hierbei um Polynome zweiten und dritten Grades. Eine Berechnung der Rückflußdauer (bzw. Rückflußdauerverlängerung) anhand dieser Funktionen ergaben nur geringe Abweichungen zu dem Wert bei dem angelaufenen Prozeß.

Solche Funktionen müssen für die Berechnug des ökonomischen Nutzeffekts automatischer Maschinenfließreihen mit gleicher Größe und Kompliziertheit angewandt werden, wenn sie durch die Analyse verschiedener produzierender Anlagen ihre Bestätigung gefunden haben.

c) *Die Verluste für die Durchführung von Hilfsprozessen*

Bei der Projektierung automatischer Maschinenfließreihen ist es notwendig, den erforderlichen Arbeitszeitaufwand für die Durchführung der Hilfsprozesse, insbesondere Werkzeugwechsel, Wartung und Instandhaltung, vorauszubestimmen. Die Zeit für die Durchführung der Hilfsprozesse setzt den nutzbaren Zeitfonds herab. Die konstruktive Auslegung der automatischen Maschinenfließreihe und vor allem die Festlegung der Taktzeit kann deshalb nur unter Berücksichtigung der auftretenden Verluste für die Durchführung der Hilfsprozesse erfolgen. Dazu sind Richtwerte erforderlich, die ebenfalls durch statistische Auswertungen der Organisation der Hilfsprozesse bei produzierenden Anlagen gewonnen werden können.

Die Erarbeitung geeigneter Organisationsformen für die Durchführung der Hilfsprozesse und die unter diesem Gesichtspunkt vorgenommene konstruktive Auslegung (z. B. Teilung der automatischen Maschinenfließreihe in Abschnitte)[1], wie sie auf Grund der Dissertation von

[1] Vgl. Dissertation Dr. *W. Uhlmann*, Die planmäßige Instandhaltung automatischer Maschinenfließreihen.

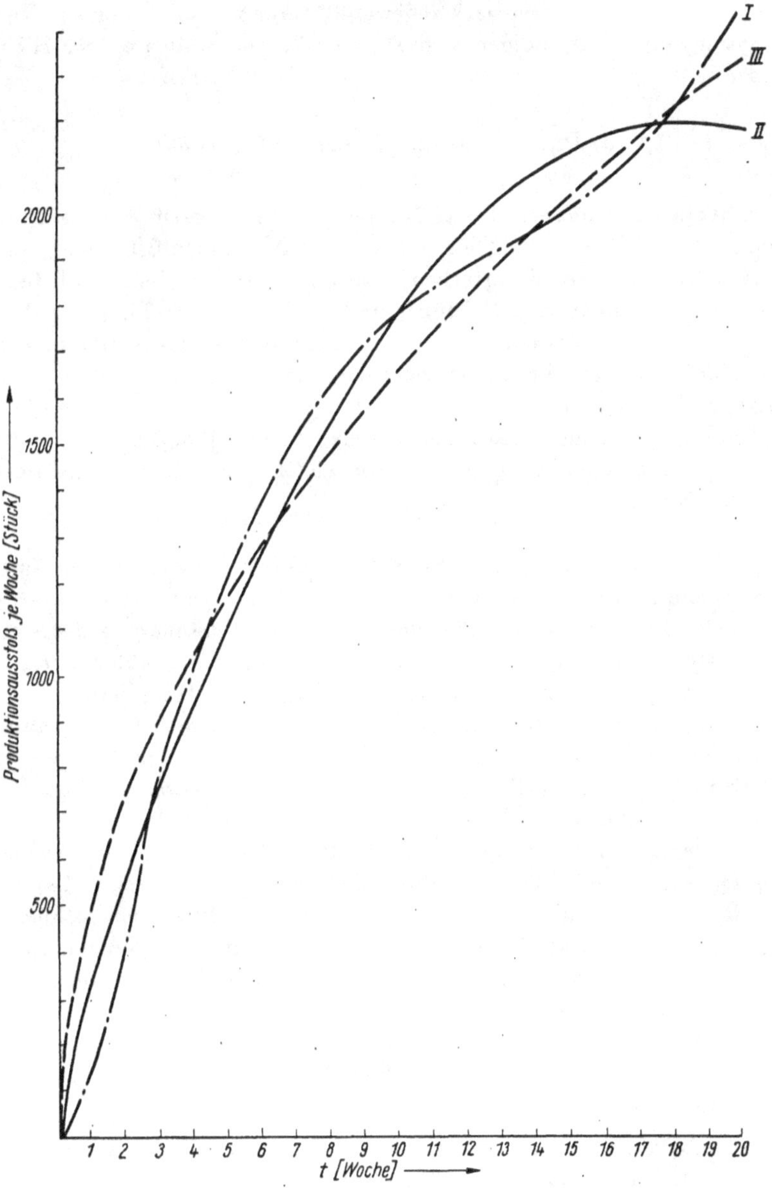

Bild 10. Anlauffunktionen

Uhlmann hier im Sachsenwerk angewandt werden, ermöglichen eine Verringerung der notwendigen Verluste für die Durchführung der Hilfsprozesse.

d) *Die Verluste für nicht geplante Ausfälle*

Trotz der planmäßigen Durchführung der Wartungs- und Instandhaltungsarbeiten läßt es sich bei automatischen Maschinenfließreihen nicht vermeiden, daß unvorhergesehene Ausfälle eintreten. Jeder Stillstand verringert den nutzbaren Zeitfonds und somit die Ausstoßleistung. Für die Projektierung werden wiederum Richtwerte über das Auftreten von Ausfällen benötigt, die differenziert nach der Kompliziertheit der Anlagen zu bilden sind.

Die Durchführung statistischer Untersuchungen und die Anwendung der Wahrscheinlichkeitsrechnung dienen der Schaffung derartiger Richtwerte.

Weitere den ökonomischen Nutzeffekt beeinflussende Faktoren sind: die Erhöhung der Ausstoßleistung durch technisch-organisatorische Maßnahmen während des Betriebes der Anlage, die Veränderung der Umlaufmittelbindung infolge Verkürzung des Bearbeitungszyklus, der Zusammenhang zwischen Auslastung der Anlage und Planänderungen im Verlaufe der Nutzungsdauer, der Einfluß einer Anlage auf die gesamte Organisation des Betriebes, der moralische Verschleiß von Anlage und Werkstück und die Möglichkeiten des Umbaus nach Auslaufen einer bestimmten Produktion.

Die wenigen Ausführungen über die Berechnung des ökonomischen Nutzeffekts automatischer Maschinenfließreihen haben gezeigt, daß die Nutzensbestimmung nur unter Beachtung der konstruktiven, technologischen und organisatorischen Gegebenheiten sinnvoll ist und eine reale Einschätzung erlaubt. Dieses Prinzip ist bei allen Berechnungen des ökonomischen Nutzeffekts der neuen Technik zu verwirklichen.

Die theoretischen Grundlagen zur Bestimmung des ökonomischen Nutzeffekts sind umgehend zu schaffen. Als besondere Probleme haben sich herausgestellt:

a) der Zusammenhang zwischen gesellschaftlichem Reproduktionsprozeß und ökonomischem Nutzeffekt,

b) die Wertbestimmung und das bestehende System der Preisbildung,

c) die Schaffung von Richtwerten für die Rückflußdauer aus der Kenntnis der Zusammenhänge des gesellschaftlichen Reproduktionsprozesses.

Durch die industriezweiggebundenen Disziplinen der ökonomischen Wissenschaften sind Berechnungsmethodiken für die konkreten Maßnahmen zur Einführung der neuen Technik im Betrieb und Industriezweig zu erarbeiten; so zum Beispiel im Maschinenbau Richtlinien für die Bestimmung des ökonomischen Nutzeffekts beim Einsatz von Universalmaschinen, Sondermaschinen, einzelnen Bauelementen, Modernisierungmaßnahmen u. dgl. mehr.

Bei der Lösung der grundsätzlichen Probleme bei der Nutzeffektsbestimmung sollte man auf die Anwendung der Mathematik und den Einsatz technischer Hilfsmittel (Elektronenrechner) nieht mehr verzichten. Nur dann kann die Entwicklung des technisch-wissenschaftlichen Fortschritts bewußt und mit größtem volkswirtschaftlichen Nutzen gelenkt werden.

SCHLUSSBEMERKUNGEN

Die Sicherung eines hohen Tempos und einer hohen Wirksamkeit des wissenschaftlich-technischen Fortschritts erfordert die Vorausbestimmung, Durchsetzung und Kontrolle konstruktiver, technologischer, organisatorischer und ökonomischer Kriterien, die in ihrem unmittelbaren Zusammenhang und in ihrer Wechselwirkung betrachtet werden müssen. Das erfordert sowohl bei der Lösung theoretischer wie praktischer Probleme die enge Gemeinschaftsarbeit von Wissenschaftlern der technischen und ökonomischen Disziplinen mit der Praxis.

Die Aufgaben, die der VI. Parteitag der SED stellen wird, erfordern auf dem behandelten Gebiet die Ausarbeitung eines umfassenden Programms für die Durchsetzung des technischen Fortschritts in der Industrie. Die Werktätigen in den Betrieben haben mit ihren Verpflichtungen bereits begonnen. Die Wissenschaftler müssen das gleiche tun und aktiv in den Prozeß der Lösung theoretischer und praktischer Schwerpunkte eingreifen. Der Beitrag sollte dabei nur einige Probleme zweigbedingter Natur zeigen, die zu lösen sind. Ökonomische Fragen bei der technischen Vorbereitung neuer Konstruktionen, arbeitsökonomische und finanzökonomische Fragen, Fragen des materiellen Anreizes, konnte ich nicht behandeln.

Wir hoffen, daß dem Referat, das einige diskussionswürdige Probleme nannte, eine rege Diskussion auch über den Maschinenbau hinaus folgen möge, damit wir zum Schluß unserer Beratung die vor uns stehenden Aufgaben, die der Aufbau des Sozialismus in der DDR uns stellt, umfassender formulieren und das ökonomische Forschungspotential der DDR mit auf die entsprechenden Schwerpunkte lenken können.

Kolibri 360 GmbH
Ferdinand-Jühlke-Straße 7
99095 Erfurt, Deutschland
produktsicherheit@kolibri360.de